圣母病

侯虹斌 著

人民东方出版传媒
東方出版社

图书在版编目（CIP）数据

圣母病 / 侯虹斌 著. — 北京：东方出版社，2019.3
ISBN 978-7-5207-0629-2

Ⅰ. ①圣…　Ⅱ. ①侯…　Ⅲ. ①女性心理学—通俗读物　Ⅳ. ①B844.5-49

中国版本图书馆CIP数据核字（2018）第241982号

圣母病
（SHENGMUBING）

作　　者：侯虹斌
策　　划：陈　卓
责任编辑：李伟楠
出　　版：东方出版社
发　　行：人民东方出版传媒有限公司
地　　址：北京市东城区东四十条113号
邮　　编：100007
印　　刷：北京楠萍印刷有限公司
版　　次：2019年3月第1版
印　　次：2019年4月第2次印刷
开　　本：880毫米×1230毫米　1/32
印　　张：11
字　　数：204千字
书　　号：ISBN 978-7-5207-0629-2
定　　价：54.00元
发行电话：（010）85924663　85924644　85924641

目 录

辑二　每一位女性都在为性骚扰的存在付出代价

辑三　不要贤惠，要精明能干

辑四　婚姻里，不能只尽义务不要权利

辑五　别急着伟大，先好好活着

自序　单独为女性设立的“好品质”，一概是陷阱

这几年，我经常在网上谈女性的话题，总是鼓励女人独立自主，争取更大的选择权、更大的自由，也经常收到很多求助私信。

最典型的，就是这样的：

> 我学历一般，父母的家产轮不到我继承。从小都是听爸妈的，随便读个大专学历，做文职。结婚生娃了，因为我收入低，父母觉得还不如省了请保姆的钱，我自己带孩子。但我不肯，老公也支持我的决定。现在要带小孩和照顾家庭，还要应付收入不高的工作。我应该怎么奋斗，才能赚更多的钱?

另一种是：

我的丈夫不支持我工作。以前我一边带两个孩子，一边工作，还要忍着他的羞辱，忍气吞声坚持了八年，最后把自己的身体累垮了。我不得不放弃了自己的事业。但花老公的钱总是缩手缩脚，生活举步维艰。我既要料理家务，教育好两个儿子，还要帮丈夫处理公司财务等杂事，做不好还要被挑刺。我把自己塑造成全能的、满足他要求的人，没有了自己的思想和追求。我很不愿意这样过下去！怎么办？

应该说，懂得求助、对现状不满，就是好的开始。但你都不知道自己的人生目标，不知道自己要什么，我也不知道该怎么帮你呀。

她们的问题不仅在于婚姻本身，她们的思维方式和能力也不足以划清人与人之间的界限。她们的内心是不自由的。光是劝她们脱离这样的婚姻状态并不能解决问题，同样会有新的困境。

易卜生写过《玩偶之家》，不甘当丈夫玩物的娜拉离家出走；鲁迅就写了篇《伤逝》，用子君和涓生的命运告诉我们，娜拉出走以后怎么办，只能是幻灭。

义愤填膺是很容易的，说女人要独立啊，要有经济能力啊，不要依附于男人啊，都很轻松。可实际上，女性难以独立并不是因为懒，或者没有能力，而是因为被束缚在家庭当中，承担了太多无偿的家务劳动，包括生儿育女、教育子女等。这些辛苦的劳动没有报酬，却成了她们义不容辞的责任。社会舆论把这些任务分配给女性，令女性不敢松懈，不敢离开。

没有方向，就劝女人“独立”，比一百多年前的娜拉还没有说服力。娜拉至少不用照顾孩子，她的丈夫也不羞辱她，但很多女人连这个先决条件也没有。

我们常有一种错觉：上帝说要有光，于是有了光。某天我想通了，要独立自强，忽然之间就天神附体、开了外挂，马上年薪百万，有钱有颜又有闲，可以潇洒地与过去挥手说“拜拜”，过上理想中的人生。

当然没有那么容易。

获得财务自由和心灵自由，不仅是女人的梦想，也是所有人的梦想。别说娜拉出走不易，她的老公海尔茂谋生也不易。我们必须面对现实，如果身为女性，出身、能力、运气、性格、长相，一切都很平凡；但又想改变命运，怎么办？

你要有面对“无能为力的人生”的能力。

事业需要一个长期运营过程。能力当然不是从天上掉下来的，不是你一发愤图强就马上超人附体，打通奇经八脉，遇神杀神、佛挡杀佛的。这是需要很早就开始训练的。

我经常强调，女人要多参与雄性竞争。凡是公认的男性的“好”的品质，同样也适用于女性，是女人应该学习的，比如有责任感、有事业心、聪明、能干、强壮、英俊（美丽）、精力旺盛，以及领导能力强、组织能力强等。

凡是单独为女人设立的“好品质”，一概是陷阱，要尽量避免。比如贤惠、装傻、柔顺、听话、乖巧、富有牺牲精神、为母则刚、伟大……

凡是男性追求的职业，都是好的职业方向。比如各种企业高管、金领、领导岗位、金融业、IT 业、科学家、高校老师、技术含量高的职位……一般都是有事业前景的、竞争力强的、难以替代的、薪水高的。

凡是舆论说特别适合女性的职业，比如幼师、中小学老师、文员、前台、底层公务员、护士、服务员、家政员工……一般来说都是薪水较低、竞争性弱、可替代性强、升职困难的。

当然，行行出状元，各种工作都该有人来做。但为什么高竞争的行业充斥着男性，女性进入的门槛特别高，而那些舒适、低薪的工作天然就变成女性的专利，以便她们下了班之后操持家务？占据着优势资源的男人，为什么不喜欢争夺文员、行政之类的岗位？哪一种有更大的利益，还不是一目了然吗？

总之，适合于男人的标准也适用于女人，没有什么标准是单独为男人或女人设立的。

经常有一些鸡汤文宣扬，女性的人生事业就是打扮得美美的，温柔可爱，要学会装傻，要掩饰自己的能力，否则变成女强人了，就会没有男人要了。——这其实也是在丑化男人好吗？他们又不真傻。

真正优秀的男人，只愿跟同样优秀的女人平等交流，建立情感沟通，有更好的物质生活和更高的精神追求；只有愚蠢、自卑又无能的男人，才需要靠“我的女人比我更蠢”来获得心理平衡。有必要讨好后者吗？我们所做的所有努力，不就是为了离那些愚蠢而自卑的男性更远些吗？

年轻的妹子们，想要掌握自己未来人生的主导权，就要多去学法律、金融这些竞争激烈的专业，尽可能地打怪升级、出类拔萃，就像《摔跤吧！爸爸》里所演的那样，把周遭的男人都打败吧，让那些很 low 的男人没有机会靠近你。不要文静，不要单纯，不要听话，不要追求岁月静好，未来世界的大门才能向你敞开。

这本书，是我这两年对女性的社会状况和价值观的一些调查和思考的结集，大多发表在《腾讯·大家》和其他各大媒体平台，以及我的个人公众号“侯虹斌客厅”上，阅读量普遍都是 10 万 +，转载无数，引起过一些反响。在微博上，每每抛出与女性有关的话题，讨论也非常热烈，不管是支持还是反对，都进一步验证了这个问题：

这个社会，性别还不平等；尤其是，女性自身的平等意识还非常薄弱啊！

就像我文章开头提到的那几个例子，是女性当中非常典型的生存状态。她们是中国传统女性教育下的典范：听话，顺从，任劳任怨，道德水平非常高，自己却越过越差，越过越不开心；她周围的人也没办法开心，会越来越讨厌她，不断提高对她的要求，她就过得更差劲……

中国女性的“道德水准”过高，是一种非常大的缺点。急于讨好他人，急于讨好社会规则，完全没有自我，过得委委屈屈的。

不仅如此，她们看到有女性不听话、不顺从、不理会那一套让她们受尽了苦楚的规则，她们还大惊失色，甚至攻击：你怎么可以不跟我们一样？你怎么可以不守规矩？

这不是真圣母，而是圣母病。

边界不清，是中国传统社会关系当中普遍的毛病。而女性由于是家庭关系的链接者和承担者，这一点就更会被无限放大了。她很少有财产权，也不被批准有自我意识，她的人生是在被父母控制、顺从丈夫安排、照顾子女中实现的。即便没有人命令，但从小到大的刻板印象，规训了她，她自觉代入这种“圣母”的角色。

我写这本书的目的，就是给各种各样的社会现象找到病因，告诉你，病灶在哪里。你看到了问题，开始主动去思考怎么解决了，那么，恭喜你，第一步的“自主意识”已经在起作用了，不那么浑浑噩噩了，就开始往好的方向转。

我只想告诉更多的女性，你首先是“人”，男性适用的标准和价值体系，你一概适用，你应该对自己的人生负责任；继而，你还应该争取自己在社会角色当中的权利和权力。想要掌控自己的人生，就需要主动迎接挑战。

其实，这些道理是男女通用的。只不过，这个社会往往给女性制定不同的标准，要求她们养成依附型的人格，好为男权服务。你只要无视，把自己当作人，而不是女人，很多困惑就会迎刃而解了。

每一个“圣母病”患者，当她们学会“管好自己”的时候，放弃多余的道德负累的时候，她们的人生就豁然开朗了。

辑一

男权之恶，让女性成为弱者

一个正常人，只要没有占小便宜的兴趣，并不希望充当被人照顾的弱者。这是被人看不起。把你当成弱者，意味着会给你一点芝麻，比如给你让个座、帮你拎个包；但后果是要夺走你的西瓜。因为你弱啊，好工作，你不配；好大学好专业，你不配；财产权，你不配；人格平等，你不配。

老男人的梦想就是把手上的资源兑换成性

> 文人倒好，他们也同样需要女人来陪酒，但是不可能花钱的，因为那样会玷污“纯洁的友谊”嘛。必须要抠门，必须要免费，这样才能彰显他们还有剩余的影响力和魅力。

*

2017 年上半年，一篇《如果没有女人，再荤的饭局也都是“素局”》让人印象深刻。文章一出，宛如一滴水滴进了油里，大家都炸锅了。今天看来，仍然非常销魂：

“一个圆滑的女人，就是一个点水不漏的漏勺，泄漏出的甜蜜汁液搅拌着一个多情的夜晚。”

“不同的姑娘像是不同的菜，露露就像蓝鳍金枪鱼的上腹 toro，天生神勇，不施粉黛就明艳动人，以至于成了我们饭桌上的吉祥物。”

作风之大胆，令人咋舌啊。

不，我指的还不是性欲的暗示，而是把同桌女性当成妓女描摹一番，在《GQ》杂志上公开发布的大胆。

是谁给他的勇气？

不过，油锅炸起来之后，反应最大的还不是女性，或者平常所说的女权主义者。主要是觉得这个靶子目标太明显了，“性别歧视”都刻在脸上了，女权主义者再专门去反驳，显得有点儿像是欺负人了是不?

倒是许多中青年文艺男，开始撰文批评。很显然，这些作家，就是被这位“饭局男”所准备代表的那个群体。可是，正常一点儿的男性，并不愿意被这种油腻猥琐的同性代言，必须旗帜鲜明地反对。用他们的话来说：“偶尔暗搓搓加入过这种饭局，也就罢了，还要把它当作风雅之事写出来，那就是没脸没皮了。”

我觉得这样划清界限确实有必要。至少让我们知道，不是所有男性都会以在饭局上找到个免费陪酒女为荣。

前些年，我听到一个故事：某著名文化人来到广东。晚上，当地的几个媒体人出面做东请吃饭喝酒。吃到深夜的时候，该文化人反复暗示，要找一两个文艺女青年出来作陪……然而，广东貌似没有这种文化，

也幸好如此。

我感觉，在这里，多著名的作家、诗人都不好使。所以以前我看贾平凹《废都》的时候，特别不能理解庄之蝶凭啥就能招蜂引蝶，一群女人嘤嘤地往上扑。那种从骨子里渗透出来的自恋，鲜艳欲滴。

重新审视当代史，你会发现二十世纪八九十年代真是文化人

的黄金时代：作家、文人的地位极其崇高，大众对文化人发自内心地景仰。年轻人只要拿着一本自己的手抄诗集，就可以跑遍各大高校一分钱不用带，只要在走廊尽头大喝一声“我是诗人”，包管有人愿意请你吃喝玩乐，临走还送点儿凑出来的盘缠。那时候，连《爱的教育》《存在与虚无》这些乏味的作品也卖到洛阳纸贵，一再脱销。

那时的作家们，真是春风得意马蹄疾。

后来，随着经济生活重要性的凸显，文人的地位也在稳步下降，光环也逐渐祛魅了。不过，二十一世纪初媒体的兴起，尤其是一些市场化媒体蓬勃发展，让文化人又重新红了起来。媒体人能够经常接触各类精英和大腕，与他们把酒言欢，也很容易产生一种“我与大腕平起平坐”的错觉——哪怕薪水只有人家的一个零头。

为什么要谈这两种人呢？因为他们正是这些饭局当中，拿捏着主人公姿态，把文学女青年叫来当菜的主角们。他们是四五十岁、事业略有小成、略有些名望、有个还算过得去的职位的中年男人；外貌上，有秃头的，有“怀孕”好几个月的，也有不起眼的，唯独不会有长得帅的。

不过，像微博大V“就叫熊太行也行”所说的那样，“对自己负责的男人仍然会学习、读书、工作、创业，抓住青春的尾巴”；但饭局男人的共同点则是“对人生和事业已经没有很高追求了”“梦想就是把手上的资源兑换成性”。

说白了，这些人虽然看起来还算有点儿身份，但实际上已经是被后浪拍死在沙滩上的前浪了。他们没有办法再写出好的作品，职场上要再进阶也有心无力，现在的创业潮也跟他们无关。

但，还有“果儿”啊，还有那种二十郎当、不谙世事的姑娘啊。她们年轻，没有后台，作为京漂、沪漂，根基不稳，最好哄，正好用来红袖添香。他们恍惚间觉得，女孩们看着他们的眼神都是崇拜的，自尊心得到极大满足。

有些话我不好说出口，但据说很多饭局吃到最后，是会把姑娘带走的。

一两千年来，文人都看不起商人，觉得他们太粗俗了。今天虽然在经济水平上商人们早把文人无情地碾压了，但文人的阿Q精神还是活蹦乱跳的，认为自己挺高雅。《GQ》的这篇文章写得多俏皮啊，婉转多情、仪态万方的，作者一定对自己的俏眉眼特别满意。然而，他们不能面对的一个问题是：同样在饭局上叫女人来陪酒，古代商人可以叫“长三”，现代商人可以叫外围女，他们都是要花钱来换取她们的服务的。文人倒好，他们也同样需要女人来陪酒，但是不可能花钱的，因为那样会玷污“纯洁的友谊”嘛。

别的男性，想要吸引女人，要么长得帅，要么要有钱，至少还要跑前跑后十二分地殷勤；文人嘛，自信靠才华就够了，相信自己凭才华就可以弥补“怀孕”五六个月的大肚子、快要垂到地上的眼袋；姑娘们不爱那些青葱的小鲜肉们的容颜，只爱他们衰老的脸上能夹死苍蝇的皱纹。

必须抠门，必须免费，这样才能彰显他们还有剩余的影响力和魅力。

那到底是什么样的姑娘会被召进饭局呢？毛利在《腾讯·大家》写了篇《被老男人造出来的饭局姑娘》，文中说道："但凡去参加饭局的年轻文艺女青年，绝没有国色天香款，那纯粹是老男人意淫。真正的美女一旦成熟，就会被开着法拉利的跑车男截获，剩下流落在各大文艺饭局上的，都是中不溜秋、心比天高、命比纸薄、长相没跟上心智发展的悲摧之花。"这大概是一种个人的选择。

但我知道，更多的情况是：实习生被老师叫去吃饭；年轻的同行如女编辑、女记者被叫去陪重要人物吃饭；因为工作参加某活动之后嘉宾与工作人员留下来一起吃饭……是被动的、无奈的。

很多女孩，都是在工作的合理理由之下陷入了这种老男人的包围圈里，被带荤的笑话、不着边际的调情、打着擦边球的身体接触所围裹着。甚至还有人会直接暗示明示。聪明姑娘可能会当场暴走，木讷一点儿的就如坐针毡地左躲右闪，在煎熬中度过。

对饭局老油条来说，吃个几十场饭局，总能碰上一两个可堪调教的姑娘，能天衣无缝地配合，那就算得上人生至境了。他们连正儿八经花钱、花心思、花精力去追求姑娘的能力和性能力都没有，只能靠公开的饭局揩揩油、猥亵一下姑娘，来满足他们不举之后的性幻想了。

我先不说不尊重女人了，他们不认识“尊重”两个字；我只想说，他们引以为傲的才华，嘿嘿，呸。社会给他们的认可也就值五毛钱，不能再多了。

过年女人要去婆家磕头？还不能上桌吃饭？

> 叫你跪，你就跪，有什么大不了的？

*

微博上有个热门话题：

“过年要不要给长辈下跪磕头？”

起因是有位发帖人是个自称来自南方的新媳妇，要和北方人老公回老家过年。身未动，就已经得知那边要向至亲长辈下跪领红包，甚至新媳妇上门第一年也要向亲族里的其他长辈下跪。

在这个故事里，女方从个人到家族从来都没有这个传统，甚至认为这样的拜年方式“很封建、有点侮辱人”。但男方认为女方应该入乡随俗，觉得女方的抗拒是“无理取闹、不尊重他”。

她很犹豫，因为她发自内心地不想跪下，但又不知道这样违逆丈夫对不对。

这只是她一个人的无关紧要的生活细节吗？但看一下下面评论的踊跃，我真是惊呆了：

原来，向长辈下跪，或向年长的亲戚下跪，仍然是中国非常非常普遍的状况。

关键是，还有很多人认为，这是各地的风俗不同、南北方差异，各自习惯就好。

对不起，我不知道，我们还真的生活在大清。尽管大清朝过去已经超过一百年了。

二

网上的争论比较多的是针对南北方的标签，很快变成了一场地域口水战。很多南方网友立刻表示对下跪习俗的不能理解：从来没跪过，凭什么要下跪，我们这里只给死人下跪！

北方人也不承认：我是北方人，我们也没有要下跪的习俗啊。我们没这破习俗！

但不管是南方，还是北方，都有网友表示：我们这里真的就是这样，“亲戚跪拜的阵势浩大，如万国来朝”“我们老家就是这样跪的”“我们这里有些场合也还保留着向长辈下跪敬茶的习俗啊”……

说没有的，并不能证明“没有”，只能证明你没见到；但说有的，那就证明真实存在了。故事中的小夫妻俩，就是这种价值观割裂的最典型的例子。

看一些评论就知道了：

“关键是一个个慢慢磕头。村子里的也得磕头。我家在南方，真的上坟都不一定需要磕头。”

“我们这边过年都是这一大家子的人好几代一起，大年初一早上天还不亮就去串家，然后跪，大辈的在前小辈在后，那么黑，小辈的都在后边蹲着，不跪。”

“我男友非得要我跪。因为态度太坚决，我拒绝了。然后一次次为这个吵架。”

首先，从夫妻俩的角度来说。

如果一方认为某件事情是在侮辱 TA 的人格，另一方还强迫 TA 去做；如果一方认为另一方不接受这种侮辱，就是无理取闹、不尊重 TA——

请问，这是什么婚姻？一桩缺乏基本尊重和平等的婚姻。

自由，不是你想要什么就有什么，要让别人干什么别人就必须干什么；而是，你可以不干什么就不干什么。

像故事中的丈夫，是在家庭中居于绝对掌控地位的；他认为有权力让妻子屈服，不管妻子心里怎么想。

反过来设想一种情形吧。妻子的家族有小辈下跪的习俗，要求不情愿的丈夫，向女方家里的长辈和亲戚下跪；而男方家里并没有这个习惯，所以不会要求妻子下跪……

这种情形，除了入赘，你们认为可能吗？

我猜，很难。

因为这不仅仅是夫妻之间关系的问题，还包含着社会关系和亲密关系之间的权力分配的问题。

夫权是明显高于妻权的，所以夫族，有权要求附庸于他的妻子，跪拜夫族的长辈；而除了入赘的上门女婿，妻族怎么能要求身为“主位”的丈夫下跪呢？

二

其实，一到春节就争吵不休的“女人能不能上桌吃饭”的话题也如是。

我最惊奇的，不是那些说“我们这里根本没有”的辩解，而是认为，应该“入乡随俗”“我还不想跟男人一桌吃饭呢”。

他们觉得这种风俗完全没问题，辨析的角度也十分清新脱俗，无外乎以下几条：

1. 女人在厨房里做饭菜，难道等全部人一起来了再吃？菜都凉了，当然先上的先吃，女人再接着吃第二轮啊。还方便收拾呢。

2. 男人喝酒，抽烟，发酒疯，说荤段子，大吵大闹；如果女人跟他们一桌就会被灌酒，还可能被性骚扰，我才不要跟他们一桌呢。

3. 女人一桌，男人一桌，男人聊的跟我们女人聊的不一样，我不想跟他们一桌。

搞笑之处就在于，“女人不能上桌”，本身是一个客观存在，意思是你没有资格跟他们一起坐；而不是同部门平等的同事聚餐你们自由选择几个女人聚在一桌吃饭。你有没有选择权，和你选择另坐一桌，是完全不同的问题。

故意把资格混淆，就像是说，清华北大一点也不适合我，我才不想去上呢。呀呀呸，谁给你这么大的脸？

还有，如果女性跟男性一桌了，他们是否仍然根本不打算尊重你？仍然强迫你喝酒，对着你大讲黄色笑话？

还有，是不是女性就自动承担了买菜、做饭、洗碗、搞卫生、带孩子的任务，而男性就自动是吹牛、打牌、跷着二郎腿侃大山的角色？

这种百般合理化裹小脚的，全身上下都是逻辑漏洞。

但 TA 们自己是不知道的，因为在 TA 们的意识里，传统的女性本来就是附庸型的生物，没必要尊重；但又不想露怯，于是就说，我觉得女人也挺喜欢这种"下跪""不能上桌"的风俗的；她们并没有被尊重的需求啊。

完美地形成了闭环。

三

但另一个问题来了：

如果这位妻子跟这位丈夫的当地的风俗一致，都有过年给长辈和亲属下跪的习惯，大家皆大欢喜，那是不是这件事就对了？

并非如此。

当然，如果双方都情愿，整个村的人都兴高采烈地跪了一地，外人也确实不能强行制止。就算我认识他俩，在他们快乐地跪着的时候，我肯定不会硬要把他们拉起来。

但从价值判断上来说，这种跪拜当然是错的，是落后的，需要革新的。

“男儿膝下有黄金”，女人也一样，也不可能谁都跪。

下跪，本来就表示了服从。下跪这种仪式，本来就是在长幼尊卑分明、人分为三六九等的时候才会有的。

你向一个人下跪，表示的不是尊敬，而是你卑下、弱小于他，你服从于他。

在现代社会里，尊卑有序这种层次伦理，本来就不该存在了。人与人之间是平等的。

长与幼之间，疏远的亲族，靠的是礼貌和互相尊重；亲密的长辈，靠的是赡养规则、爱和温暖，唯独不该是服从。

不仅我认为妻子没必要跪长辈，丈夫本人也不该跪。想象着乌压压地跪了一屋子的情形，只会让我觉得那是一群封建余孽，以为重返大清了。

也许年轻人要违抗祖上的传统有点难。这个可以讲究一点方法，也可以婉转一点，给他们一点时间；或者把家人接到你所在的城市，让他们在现代社会里找不到跪拜的氛围。

但如果连二三十岁的青壮年们，都满脑子缠脚布，那这个社会，真的文明不了了。

都说专用车厢是保护女性的，但女性是怎么变成弱者的？

> 一有什么问题就去检讨女性是否自我保护到位，
> 已成了一种魔怔。

*

2017 年的 6 月中旬和下旬，广州地铁和深圳地铁在有的线路上开设了地铁女士优先专用车厢，供上下班高峰女性优先使用，在非高峰时期和节假日期间不开放。这个举措，引起了社会很大关注。

实行了几天之后，结果如何？广州地铁公布数据显示，前两天，女性车厢内的男女比例和女性车厢外站台候车的男女比例约为 2 : 8。后来因为地铁工作人员的劝离，男士比例变得更低。另外，在上班高峰期，女性车厢和普通车厢候乘处形成冰火两重天：女性车厢每个屏蔽门前不会超过 15 人，而普通车厢屏蔽门前都是挤得水泄不通。有男白领接受采访时表示，自己足足等了五趟才挤上车，而平常只要等三趟就可以了。

更有一位阿伯被志愿者劝到隔壁车厢排队时，非常生气，对志愿者和工作人员大骂："照顾女人不照顾老人，岂有此理！"

而在深圳，新闻照片显示，地铁女士优先车厢上，男女比例大致相等，坐上座位的男性比女性更多。

这说明了什么呢？一、如果有强制的措施（比如志愿者劝离），男士一般会遵守，像那位老人那样的也不多；二、如果没有强制措施，光靠宣传，不易达成共识，男人根本不会让着女人；三、设立女性车厢，浪费了公共资源，在上下班高峰期增加了普通乘客的不便。

一

作为一个广州女性，我略感尴尬。拜托，不要搞这些“创新”好吗？这不是为女性着想，这是在把女性往性别不平等的路上推。

不仅是我，很多女性也反对。只要上广州地铁、深圳地铁的官方微博或者各大媒体报道的评论区，就可看到大家对这种“女性车厢”颇有微词，视之为女性权益倒退的一小步。当然，同样也有很多男性不满，认为：为什么有女性车厢而没有男性车厢，是不是歧视男性？有关部门的一番“好意”，恐怕得落得个两头不讨好了。

当初设立女性专用车厢的直接原因是什么？一个说法，是为了避免女性遭受性骚扰。听起来似乎挺人性化的。现实生活当中，我接触的几乎每一个女性，或多或少，都在公共汽车上或其他公共场合遭遇过或目睹过性骚扰；这种公共场所性骚扰的程度不同，很大一部分是没有声张，另一部分是被当场制止，只有极少的个案，才会报警或者通过微博公布。——再强调一遍，这些性骚扰，跟女性的穿着、容貌状态没有任何关系，冬天穿着毛衣或羽绒服也无法豁免；这只跟当事男人是个违法者有关。这个现象很普遍，所以重视和打击公共交通的性骚扰行为，是非常有必要的。

但解决办法变成给女性设计专用车厢，则明显是搞错方向了。用限制潜在受害人群的行为来防止犯罪，这就是把女性合理的空间让渡出来给潜在犯罪者。一旦你走出这个孙悟空划定的圈，错就是你的。不要觉得小题大做，官方微博 @ 珠江新城在线 就说："哈哈哈哈，只有一节女性车厢，喜欢贴男士紧一点的还是有选择的。"这句话翻译过来就是：现在给你女性车厢，还不去女性车厢的女生，就是默认喜欢性骚扰的。

如果没有足够的公共设施，能像男女厕所一样分出男女车厢，那么共用车厢就是不可避免的；假如女士在共用车厢被性骚扰怎么办？她就错了吗？

很多人拿出邻国日本的例子，来证明女性车厢的必要性。2000年左右，日本恢复了在火车或地铁列车中设置的只限女性乘坐的"女性车厢"，目的是解决日益恶化的性骚扰和女性乘车困难的问题。目前，此类车厢在中东的一些伊斯兰国家和东南亚等地被陆续推广。

可是，当女性与男性之大防更严谨、更成为禁忌的时候，女性更容易被伤害；她们也会更敏感、更强调自我保护。这种情况下，女人不去女性车厢，被视为"想被性骚扰"；而男人待在女性车厢，也会被视为"想性骚扰女人"。不要忘记，日本的性别并不平等。实施女性车厢的国家或地区，如印度、中东诸国，无不是女性地位很低的国家。

如果想对女性有利，日本的“女士车厢”本来就是一个不成功的教训。

一有什么问题就去检讨女性是否自我保护到位，已成了一种魔怔。今天，一般人不会直白地说“你穿得那么少就是想被性骚扰”了，他们换上温情的说法：“提醒女性注意一点，穿得严实一点，少去人多的地方，是为你们好。”但话语修辞方式能改变其实质吗？

如果说，公共交通上，性骚扰频仍，所以要开始实施隔离，那么，办公室也是性骚扰的高发地，要不要隔离？中学、大学也有性骚扰，要不要隔离？还有大商场和公共场所呢？

从社会风气上来说，舆论关注对潜在受害女性的约束，远远大于对犯罪者的约束，实际上，就是一种对女性的缓慢的驱逐方式，把女性从公共场所中、从职场上、从整个社会驱逐出去。他们未必跟性犯罪者是同谋，但性犯罪者的每一次犯案，都给了这些舆论很好的借口：

女人还是少去公共场所吧。

我想，这根本不是女性所需要的“保护”。

二

有不少人坚持认为：女性专用车厢就是能保护女性，这有什么不好呢？但这种说法的关键错误，不是在于前者是否能推出后面的结论，而是，我作为女性，根本不想额外“被保护”啊。

只要是被保护者，一定是被没收了其他的权利，或者因为天生的情况无法实施其权利的（比如残疾人、幼童）。女人有手有脚有智商，为什么不能让我做一个平等的人，非要当一个被保护的人？

我们来看看，女性明确处于被保护者地位的，是什么朝代？以最注重贞节观的明朝为例吧。官宦小姐阶层，是严格处于男性的保护之下的，因为她们不仅不能工作、不能读书、不能改嫁，连路都走不了，出入要丫环搀扶；那时的贵族女性，就是行走的子宫和家族荣誉的摆件。但女人的好处也不是没有，士大夫们的毕生愿望就是封妻荫子；除非女人犯了大过，不管多作，男人都是不允许离婚的。官员想离婚是要被革职的，女方的家族也绝不会放过他。

也就是说，在没收了女性的生存权之后，也必须给予她们足够的庇护。否则，社会的家庭结构就会垮掉。今天的情况跟古代当然不同了，女性已经部分地独立了，但远远达不到平等。女性仍然有很多权利被没收了，包括平等的上学权、就业权、同工同酬权，以及在家庭当中的主导权，而不是今晚吃些什么、孩子去哪上辅导班之类的决定权。如果放在公共领域当中，女性还应有自己身体不受侵犯的权利。

然而，仅仅是这种身体不受侵犯的权利，都太难实现了。它要我们不断自我检讨，不断压缩自己的生存空间；规定你必须做到如何如何，才能给你这种权利。——如果你不在规定的空间，有着限定的衣着和言谈举止，你就没有资格得到自己的人身权。

但这种限制，经常被表达成“为你好”的“保护”或“宠爱”。

一个正常人，只要没有占小便宜的兴趣，并不希望充当被人照顾的弱者。这是看不起人。把你当成弱者，意味着会给你一点芝麻，给你一点小小“特权”，比如给你让个座、帮你拎个包；但后果是要夺走你的西瓜。因为你弱啊，好工作，你不配；好大学好专业，你不配；财产权，你不配；人格平等，你不配。

没有工作权、没有财产权，才是女人无法平等的根本。

辨析这种口蜜腹剑的“为你好”，很简单，同样的问题放在男性身上，看他们是高兴还是不高兴。比如，为了保护男性不被冤枉，男性都坐特定的男性车厢；男性都少去公共场所，穿得严严实实，不得晚上出门，否则就可默认为男人是准备去性侵的；让男性休长达半年或更长的产假；再每月专设两天“前列腺假期”……是不是非常荒谬？男人高兴吗？可放在女性身上，为什么会觉得是保护女人？

真的，别给女人“特权”了，平等就行了。

春晚小品里的女人都怎么啦？

> “女德宣言”已经过时了。它歧视的不仅是女性，还包括男人和孩子。

*

过年了，大家都喜气洋洋，也有很多人守在电视机前看各地大红大绿的春晚节目。山东卫视的一个春晚小品引起了大家的关注。

事后，山东卫视在微博上发布一个公开道歉信，说这是反讽，可能会引起观众，特别是女性的误解，决定把台词删了。然而，这种回应观众并不满意。很显然，节目组觉得“买个老婆每天只花一块八”，不是什么问题，只是为了说明“金钱不能衡量爱情”。

他们哪里敢说明白，在他们眼里，男人对女人的爱情也就是值这个价，不能再多了，确实没法用金钱来衡量。

大家对这种避重就轻的所谓“道歉”，并不认可。

一

小品的本意是歌颂节假日坚守岗位的海上救捞队员，队长丢下怀孕的媳妇大过年的在队里。

队员问：嫂子怀孕你不回去陪，是不爱她吗？

队长答："爱啊，跟你算笔账，从订婚到结婚我一共花了 4 万块钱，她 24 岁跟我结婚，就算活到 84，一共 60 年，我花了 4 万块钱买了她 21900 天，平均下来一天 1 块 8 毛钱，她要为这个家打扫卫生、照顾老人、下地干活，还得给我生孩子，这请保姆都要一个月 3000 多啊，我有什么理由不爱她吗？"

然后，队员和观众们一起鼓掌。

真是倒吸一口凉气啊。明明白白地说"我买我老婆，每天只要一块八"，明明白白地说"来我们家""为我生孩子"，实际上，这个家是他和他父母的家，女人是来他家提供服务的，孩子是为男人生的，女人只是外人。

女人这是妥妥的"卖身为奴"了。

善意地猜想，节目的"初心"是想赞扬妻子的贤惠的。但这里表达出来的是：妻子是只值每天一块八的"便宜货"，这么便宜能不爱她吗？

说是"爱"，但丈夫明知她很辛苦，过年也不回家，妻子怀孕也不回家；平时让她一个人承担所有家庭重任，他只记得，他买她买得很便宜、很划算。

难怪评论里很多人反感，说这是丑化了我们的救援战士。

恐怕，这种节目传播出来的"能量"，既不是赞美救援战士"舍小我成大我""舍私为公"的精神，更不是赞美他的妻子能干贤惠，而是让人反感：原来，他的妻子没有收高彩礼，就要被他这么作贱啊！是不是越贤惠，就越被看不起？所以丈夫过年不回家、怀孕不回家？

山东春节晚会一定觉得很冤枉，因为它是真心实意夸贤惠啊，夸她是个廉价货、任劳任怨，算是很高的评价了。它大概不会想到，这反而成了反婚宣传。

山东卫视春晚另一个小品《催孕》，也十分耐人寻味：王小利老婆正要催儿媳怀孕，没想到，她都五十多了，也被催怀孕。原来这个儿子是王小利重组家庭后的继子，而王小利还想和老伴再生一个孩子，延续香火。

他们的心愿是，儿媳婆婆一起坐月子。

不是之前有宣传说“婆婆媳妇同坐月子很光荣”吗？现在人口不足，由限制人口计划生育一夜之间改为催促生育，不管你多大年龄了，能生就要生，你的女性责任还没完成。

2017 年，也有小品引起过争议。央视春晚的《真情永驻》说的是一对夫妻结婚 8 年没有生育，丈夫家祖祖辈辈一脉单传，着急延续香火。妻子却因一次流产导致很难再孕，隐瞒着这个消息主动要求离婚……

小品最后，夫妻俩冰释前嫌，破镜重圆，主持人建议他们去做“试管婴儿”，笑说明年上节目争取带一个孩子来，丈夫说：“不是争取，而是必须！”还说，“要就要俩，双卡双待！”

是不是生了就不离，没生就还要离婚啊？

妻子之前曾流产，却被丈夫指责：就你不小心！（实际上流产的原因很多，常见的一个原因就是精子质量差）她主动请求离婚，这段台词好贴心啊："你们老孙家祖祖辈辈是单传，要是在我这儿给你们家去了根，你回家怎么跟爹妈交代？"贤惠地请求"下堂"，把妻子的宝座让给别人。

孩子呢，在这里也不是孩子，不是人；而是香火，是根。

同样的说法，在小品《催孕》中也出现了，里面的"那边"指的是男演员已去世的老母亲所在的阴界。

你说，这些经过层层审核的大型综艺节目，都在想什么呢？难道它们的受众层里，根本就不包括女人吗？

女性在这些小品里，都仅仅是一个男性家族使用的功能型工具，主要起到的是生育容器的作用。就算生孩子，那个孩子也不是给自己的，而是为了男方家庭延续香火使用的。如果容器受损（哪怕责任不在她自己）不能生育，那么就要退货。

当然，女性同时还有家政功能，这也是队长认为买老婆比雇用保姆便宜得多的原因。

不能不说，这些小品展现出来的价值观，已经远远落后于普通观众了。

二

曾几何时，大型晚会上的小品，并不是这么回事的；小品里的女性，也没有沦落到那么滑稽：穿得身光颈靓、浑身名牌，却一心一意只知道延续男方家庭的香火。

十多年前的春晚小品的全盛时期，赵丽蓉或宋丹丹时期的女人还是正常的；哪怕是衣衫褴褛或者故意穿着不合时宜土里吧唧的皮草，她们是有趣的、可笑的、有吸引力的；嘴碎也好，虚荣也好，都是有个性的。

哪怕是演个七老八十的老太婆，也可爱得不得了。

那时候的小品，里面的台词会变成流行语，有趣，好笑。

而现在的小品，则把尽人皆知的流行语变成台词，而且，一定是选取那些品味最 Low、思想层次最差的那一句流行语，陈腐、低俗。

为什么现在大家对这些春节晚会这么不满，是观众变矫情了、变挑剔了、要求高了吗?

最常见的一种说法是：20 世纪八九十年代的时候，中国百姓的娱乐少，所以春晚不管什么节目大家都觉得好看，而现在，生活多姿多彩，大家见多识广，对山珍海味不感兴趣了，春晚没变，变的是观众。

——但是，为什么我现在每次重看赵丽蓉的“萝卜开会”、宋丹丹的“超生游击队”“白云黑土”，还是会不由自主地笑出声来？

观众的审美水平是有所提高，但这不是主要原因，小品的价值观和艺术水平、娱乐水平全面倒退，才是让人不忍直视的主要原因。

不仅笑不出来，而且还得去社交平台上吐槽，舒缓一下被智力歧视之后的郁闷：你们编出这样的故事、这样的台词，真的当观众是傻子吗？

现在的小品中的女性和男性，完美地集合了性别的各种刻板印象，堪称歧视性语言的大荟萃：

“女人，就是用来留下你们家的根。”

“我不能让你们家绝后啊。”

“妇女用品是妇女用，刷卡买单的不都是你们男人吗？！丈夫丈夫，就是付账！”

“我们女人不需要你们赚太多钱。”

“我们男人不得不养家糊口。”

……

稍有点见识的人，现在都不愿意接受这样的话语了。“女德宣言”已经过时了。它歧视的不仅是女性，还包括男人和孩子。生活中确实还有人这么说，但一个大型电视台，挑出其中最保守落后的一部分来公开宣扬，算怎么回事呢？

其实，那些平时就喜欢自由平等之类的人，他们的娱乐方式多样、生活多姿多彩，并不想看春晚。而且，这样的人见识多、审美高，取悦他们难多了。

现在想来，二十年前编导出春晚的那群人，才有资源接触到最丰富的文艺形态，他们能代表综艺的最高审美。那时的春晚，满足的是高水平的那部分观众，所以，百看不厌。

而现在编导出春晚的那群人，早已被丰富多元的观众抛在身后了，你再厉害，水平再高，厉害得过奥运开幕式或者美国超级碗吗？你的价值观能站在时代的最前沿吗？做不到。

好在我们也有了更多的娱乐选择，不必绑死在综艺晚会上。各自选择吧。

污名化女司机的背后是怎样的集体无意识？

> 能驾驶私家汽车的女性，至少掌握了相当的财产权；大众潜意识里，仍然认为女性是不该有权利主导和掌控一辆汽车的。他们希望女性退出这片“本该”男性占领的天地。

*

江苏宝应县的某镇居民陆女士驾车时，与停在路边的搅拌车发生碰撞，后又与路边多名行人发生碰撞。据目击者介绍，肇事司机是位年轻女子，看样子 20 多岁，驾车撞飞了 7 名老人。事发后，该女子吓得直哭。

最后，4 人受伤、3 人留院观察，均无生命危险。这个事故当中的女司机并未逃逸，事故认定也不难。她该受到什么处罚与赔偿，依法处置便可，并没有多少须争辩的余地。但这条新闻还是火了。

与此同时，北京华贸中心地下停车场的拐弯处，一位女司机开着一辆丰田陆巡撞倒一名女保安，然后穿墙而入；导致被撞女保安不幸当场死亡，办公室内两员工被撞后受伤。这样的事故令人难过。肇事者是否应该负刑责，以及如何进行民事赔偿，都要再进行调解与处置。

不过，与上面那起事故一样，大家的争论点并不是具体的案情，也不是肇事者本人，而是：女司机是不是开车都很差；女人是不是就不该开车；开车遇到女司机是不是都该绕着走……继而，都在分享各种女司机出事的体验和新闻。

这种归类，很无趣。提到女司机，你想到的是反应慢、技术差、易发事故甚至“马路杀手”？但实际上，世界各国女司机的事故率，都远远低于男司机；事故致死率，比男司机低得多。

举例来说，以济南机动车的2015年的数据分析，当地206万的汽车驾驶人当中，女性占34.2%，男女司机比例约为2：1；一般以上道路交通事故，女司机占14.97%，男司机占85.03%；死亡交通事故，女司机占6.48%，男司机占93.52%。——男司机的事故率与死亡率，是女司机的好几倍了。

而在美国，男司机大概占了总驾驶量的65%左右，女司机为35%，但女司机要为交通事故中的死亡负责的比例，仅在25%左右。而平均来说，同样里程的驾驶，男性驾驶员发生致死事故的可能性要比女性多46%。

男司机出车祸乃至死亡，你什么时候听大家说男司机开车可怕、男司机不该开车的？大家一定会细细分析，不该酒驾、不该毒驾、不该超速、不该闯红灯，唯独不会说男司机不该开车；为什么女司机的事故率仅是男司机的一个零头，一听出车祸了，第一反应就是女人不该开车？

注意，我并不是说女司机开车就一定安全，而是开车这件事，与性别的关系不大，与驾驶习惯与规则意识关系更大。如果你非要归类到性别，那你为什么不去分析什么血型不宜开车？不去分析什么星座不宜开车？不去分析什么学历、什么地域、什么宗教的人不宜开车？难道这些因素就真的不影响驾驶习惯与规则意识？

归结到性别，就是毫不掩饰的性别歧视。说得直白一点，那是一个在开车这件事上更劣等的性别，反过来歧视相对水平高的性别，是一种逆向的歧视。

数据摆在这里，这个直白的结论我懒得多讨论。令我觉得有趣的是，为什么各种各样的负面新闻里，只要有女性，都特别喜欢强调“女”？

我以为，媒体以及大众关注点集中在性别上，是有原因的。

男司机，如果不是爆出惊人的事故，普通的伤亡不容易引起注意；毕竟这个性别出车祸的太过于频繁。

犯罪事件中，同样如此。报告显示，我国女性服刑人员数量占总服刑人员的比重仅为5.62%；可普通的罪案一旦嫌犯变为“女性”，立即关注率上涨；甚至受害人也多强调“女性”身份，不如此，不足以引发关注。

我从事新闻业的时候，就很反感许多新闻报道特别强调受害者“女性”的身份，有时还会强调其容貌、年龄；如果是性侵案件，往往不放罪犯的照片，而放上受害者的照片，并大力传播。这些都是违反新闻伦理和原则的。然而，想守住这种原则很难。大众们就是对“女性”这个标签更感兴趣；对于犯罪，特别是含有性侵情节的犯罪，他们不关注罪犯的行为，更偏向于关注受害者本人，用放大镜看她是否有哪些细节不完美。

许多人都会认为自己挺尊重女性的啊。但实际上，这种集体无意识之下能流露出许多真实的观念，包括潜藏着的厌女症。比如，认为女性不适宜开车，不适宜从事科学工作，不适宜当领导，不适宜从事金融工作……他们能拿出来的理由都是，女性不理性，太感情用事，女性不严谨，诸如此类。在已经有了观点和判断之后，才去套用现实；相当于射了箭之后再画靶心。比如，看到女司机出车祸，忙不迭地声称女司机就是不理性，就是不适宜开车；看到女科学家（如小保方晴子）成了科技界的丑闻，又马上找到了女人就是不能搞科研的证据；看到女政治家被弹劾下台或者没能当选成功，更是认为自己找到了女性的弱点和女人无德无能的真理。

然而，同样的领域，男性出的丑闻和问题，应该比女性多十倍百倍吧。

虽然今天汽车早已不算奢侈品了，但能驾驶私家汽车的女性，至少掌握了相当的财产权；大众潜意识里，仍然认为女性是不该有权利主导和掌控一辆汽车的。他们希望女性退出这片“本该”男性占领的天地。

污名化女司机，只不过是一种常见的策略罢了，以至于很多人开口闭口就说女司机是“马路杀手”的时候，根本没有意识到这与事实正好相反；更没有意识到，如果马路上的男司机更多的话，车祸只会比现在更多。

“反智主义女德”刷新了性别歧视的巅峰

> 丁璇不是一个人在战斗。他们衷心地希望重新回到大清，女人重新裹上小脚，重新为男人当牛当马，打不还手骂不还口，并把这个称为“自尊自爱”。

*

女德专家丁璇，已经红了好一段时间了。对于正常世界的人来说，以丁璇为代表的女德专家，刷新了性别歧视的巅峰。我认为，这是“反智主义女德”，是以往很多女性研究者没有注意过的一种言论方式。

一

此前，丁璇最为人所诟病的讲座内容就是“女性最好的嫁妆就是——贞操”“女人衣着暴露易失身”……这几句。这种很常见。不管是上海电视节目里的“柏阿姨”，还是网络上各种各样的喷子、生活中的没有思考能力的普通人，都经常使用这种耳熟能详的性别歧视表达。随着主流媒体对她的批判、九江学院及九江的相关部门对她的维护，以及丁璇演讲的更多视频、更多内容的曝光，她再次被架上了关注的中心。

比如，有一期讲座名为“传统文化道德讲堂”，讲的是“涵养女德”，教你如何“经营智慧美好的人生”。从视频里，可以看到丁璇的无数“亮点”：

关于家暴：

“忍让是大智慧，我们女人一定要忍，还有，总挨揍、挨人欺负的人，她不爱闹病。”

“打她几十年，打得身上青一块紫一块的，她就想要跳池塘。可又想：我这些年都是咋过的呀，不差这一顿，回去吧。回去了一推门，这男的酒喝多了，正找不着她呢，把她的头发一挽往院里拖，连拖带揍，把她嘴巴抽得响。打去吧，她不跑也不动。打着打着，哎，他怎么不打了呢？从这以后，这男人真不打她了。”

里面两个要点：一、常被家暴的女人不得病。二、被家暴的女人以前被揍十几年，是因为想跑想反抗；如果你不跑不反抗了说不定哪一天他就不打了。

为什么不打了呢？丁璇说：因为那个女人的丈夫是她上辈子养的一匹马，上辈子经常被女人打，如今是回来讨债的，债清了就能好好过日子了……

对于婚姻自由，“门当户对非常重要，婚姻要看血统，家族尊贵的孩子就天生尊贵，家族不尊贵的孩子就是低贱血统……”出身卑微的男人发达之后，应该换一个老婆：“他出身卑微，所以他娶第二个夫人的时候，坚决娶一位血统高的。现在我们的血统不尊贵，几辈子积德肯定就会变化了。”

但女人就不行了，女人必须从一而终，无论对方如何对你。“不换男人的女人，天地鬼神都会敬佩，不换男人的女人，死后会升天界。”

这让人很为难啊。男人有钱了，必须换妻，不换妻就是血统不行、不积德；但女人又坚决不能离婚——你的左手和右手互搏，谁赢？

关于外貌：

“老祖宗告诫人们，丑妇家中宝。”

“这些女人之所以这样穿着暴露，无非是想向人显示她们的形体美，向异性显示她们的性感，是一种异常低俗的表现……”

“这样穿不仅低俗，还容易不孕！”

“如果大部分女性衣不蔽体，则代表的是大自然不安定，地震、海啸、天坑，更加容易招致绿地被破坏。”

问题是，您老人家上台时也化着浓妆呀，有些讲座中，你还把腕子露出来了呢。

关于身体健康：

“现在得宫颈癌、宫颈糜烂的，有了这种病的女人，十分酷爱性感打扮。也教大家一个鉴别的方法，记住性感打扮的人，说不得她怎么回事，专爱往男人堆里钻。她会利用她的姿色，邪淫放荡迷惑伤害男人，而造下弥天大罪。由于有几分姿色，让自己的男人天天看见她，就想过性生活。甚至一天好几次，早早地精尽人亡，亲手把丈夫给害死了，那可不是好相。那就是妖媚相。”

好多医生在她的视频下急了，“宫颈糜烂不是病，不是病，不是病！”从2008年起，医学教材《妇产科学》就已用“宫颈柱状上皮异位”的生理现象取代“宫颈糜烂”一词了。只是，仍有部分医生用这个假的病症来骗钱而已。

丁璇这段话的逻辑就是：怎么分辨得宫颈癌和宫颈糜烂的女人呢？那就是爱打扮。所以跟她接近的男人都会被传染。她的丈夫性生活很多，很快就会精尽人亡。

关于生育：

“妇人受胎后，最好素食，常得清纯平和之气，以养其胎，后生子仁慈，善良。”

“但凡孕期犯交合者，不仅会使女人和孩子身体多疾病，而且，孩子长大后，淫秽心重，多为淫荡之徒，世人不得不防。”

“有的孩子瘦弱，明眼人一看就知道，是夫妻合房胎毒所致，在孕期有一次房事，孩子的胞衣就厚一层。”

还有，拿狗交配来做比拟，说一个女孩子和两个以上男人发生关系，以后生出的孩子是“杂种”，会携带着前一个男人的基因，所以现在残疾儿才那么多。

还有，三个男人的精液会生成一种毒药，这种毒药会让女性患宫颈癌。

以及，吃猪肉的人淫性大……

唉，丁璇得罪人不要紧，连猪啊狗啊都得罪了，小心动物们要跳起来咬你哟。

二

与这个社会上通行的很多性别歧视，是出于理性的、利益盘算的、鸡贼计算的不同，那些是单纯的坏；我从丁璇的话语逻辑里，感觉到她的真诚。

常见的打压女性的话语方式很多，比如对女性学业上、就业上、升迁上的歧视；在生育权上男权一定要占主导但同时又反感彩礼；对待女性的家务劳动，又要马儿跑又要马儿不吃草；男人都是爱出轨的，但却是绝不能戴绿帽的……这些下作的价值观，相当于双重标准，其实就是男权社会只想要权利，不想要义务的权力争夺。一部分女性也附和这种男权，希望得到男权的恩赐。这些我们谈论得很多，也批判得很多。这种剥夺者的逻辑，很好理解。

但丁璇在讲座中展现出来的智力，则根本不具备以上的思维水平。这是一个没有受过教育的村夫愚妇，对最底层的民间流传的各种怪力乱神和因果报应自学成才的结果。

还有，娶个好看点的老婆，性生活和谐，男人就要精尽人亡？丑妻才是家中宝？甚至可以说，她的很多言论，对现代社会的男权也没啥好处；生活在大城市里的稍微见过一点儿世面的“直男癌”，也不爱听。

还有大量反科学、反伦理的胡言乱语，让人目瞪口呆。

但如果以为，丁璇的诸多言论是她个人的特例，没有人会相信，那就大错特错了。如果她完全没有市场，为什么会“曾应国外及国内各级工会与妇联组织邀请，巡回演讲200余场”？为什么会成为“资深的女德讲师”？而且，她的讲座对象是“妇女干部和做传统文化的老师”以及“高校中有智慧的女孩子”，更令人忧虑。

事实上，争议之后讲座的主办方，九江市传统文化研究会通过《中国妇女报》发出一份官方的回复，主旨是：反思我们，主要是“女人穿着暴露克夫、克父母、克孩子”中的“克”字，没有解释清楚，应该解释为“影响”，那么这系列讲座就很完美了。——丁璇也做了回应，认为她讲的没有错，目的是传播中国的传统美德。

丁璇的理论核心，就是女人应该长得丑、穿得更丑，应该很无知很蠢、找个很差的男人、男人看到自己就反胃、没有性生活、多挨打、男人可随便离婚女人死也不离婚，这才符合女德。

与微博上大量挖苦嘲笑她相比，在各种论坛和网站上也出现了不少支持她的声音。我也收集了不少，都比较雷同，不是声讨现在的女人越来越不自尊自爱，处女越来越少；就是重复“要求女人自尊自爱有错吗”。

这证明，再反智、再愚昧的说法，在我们想象不到的地方，仍然是大有市场的。

让女性生生世世为奴为马，丧失个人意志，成为男性的生育工具（并且丈夫也不应该爱她），是丁璇的思想内核；但她借助的是因果报应、封建迷信这些惩治渠道，这是以往讨论时很少注意的一个角度。我觉得，丁璇这种人的沉渣泛起，有几个原因。

一是，在中国广大的农村地区，或者在一部分中小城市甚至大城市部分阶层里，仍然存在着大量没有受过良好教育的女性。她们亲身遭遇，或者目睹长辈朋友们身为女性的残酷命运，痛苦、害怕、不理解，但她们没有能力摆脱。而丁璇的因果报应说，告诉她们，女性天生就是贱命，忍受着就能死后升天堂；但你只要想活得好就是天怒人怨、地震海啸。这样，她们认为挨揍就是她们天生的命运，不可避免，多少还能得到一点心理平衡。

我曾听说过有志愿者下乡普法时，告诉当地妇女，家暴是违法的，她们当时很激动，因为几乎所有人都有被家暴史；但第二年，当地妇女对志愿者说，你们还是不要再来了。以前我们不知道家暴违法，忍一忍也就罢了。现在又不想忍，又毫无应对的办法，派出所也不管，我们怎么办呢？宁愿不知道算了。

娜拉出走之后怎么办呢？还不是得回来？工具化、玩偶化的娜拉，哪里能找到出路？

另一方面，对女性的打压越来越严厉了，但奏效的手段却越来越少了。因为事实告诉我们，那些越是符合妇德的女人，越是过得凄凉，男性把她们像脚底泥一样，碾压完毕便扔掉，毫不怜惜；反而是过得好的女人、日子滋润的女人，用男权的尺度衡量下来，不是贪钱就是好色，不是太能干就是太霸道，整天狐狐媚媚的、男人都围着她转。在丁璇看来，这些活得自在、我行我素的女人，违反的妇德简直够引起海啸了，太不像话了！

既然客观的现实无法惩罚，甚至是在变相表彰那些“不守妇德”的女人，丁璇们只好诉诸“来世”“天谴”。你长这么漂亮，虽然现在过得很舒服，但下辈子会变猪的哟！你跟两个以上的男人有过性生活，虽然日子很爽，但你生的孩子会残疾哟！

这不就是黔驴技穷吗？

我们知道，丁璇不是一个人在战斗，而是代表了一些地方管理者的想法。他们衷心地希望重新回到大清，女人重新裹上小脚，重新为男人当牛当马，打不还手骂不还口，并把这个称为“自尊自爱”。

虽然，这在有些地方还有拥趸。可惜，像他们那样蠢的人，越来越少了，那一套越来越不好使了。

同时侵蚀女权与男权的“妇德”缘何大行其道？

> 它不仅不符合女性的利益，也不符合男性的利益，而且是侵蚀男性权利的。

*

一度闹得沸沸扬扬的“女德班”，终于有了一个结果。抚顺市教育局表示，“女德班”立即停办，所有学员遣散。

一

网络上，这一组来自抚顺市传统文化教育学校所开设的女德课堂的视频还在流传，视频中，讲师宣讲“男为天，女为地，女子就该在最底层”“打不还手，骂不还口，逆来顺受，坚决不离”等观点；其课程主要教授《女诫》《弟子规》，以及烹饪、制衣、打扫卫生等生活技巧。另外，还有不少让人为之咋舌的说法，如“女人叫外卖、不刷碗就是不守妇道”。

大家听得白眼都要翻到天上去了：像我这样天天点外卖的，岂不是要被浸猪笼了？

网曝女德班视频课程讲师之一为央视前主持人陈大惠。已故演员陈晓旭（1987 版《红楼梦》林黛玉的扮演者）给他捐过款，而他却赞同陈晓旭患癌不治疗，还说：晓旭的死因是帮别人卖酒违背人伦。

在引起社会的反对声音之后，抚顺市成立多部门联合调查组，经查，“女德班”无证私自授课，同时存在着有悖社会道德风尚的问题，要求立即停止办学，所有学员立即遣散。

取缔是一件好事，管理部门反应迅速，值得表扬。但“女德班”是绝不会因此而绝迹的。因为它并不是一时、一地、几个人的心血来潮，它在多个地方广泛地、长期地、半隐秘地存在着，在没有被曝光的时候，还是有很深厚的群众基础的。

不要忘了，在此之前，丁璇的“女德”课程就引起一片哗然，而她已讲课数年，是资深讲师了，而且她很受欢迎，在各地和多个企业巡讲。

早在 2014 年，东莞就有过著名的蒙正女德班，除了“打不还手，骂不还口”之类的女德，还有“如果要做女强人，就得切掉子宫、切除乳房，放弃所有女性特点”之类的说教，被曝光后被取缔了。但一直以来，这类女德班在全国遍地开花，从北京、山东、河北绵延到陕西、广东和海南。

据报道，有些女德课堂，还收取高额学费。以 2017 年海南的某个道德讲堂为例，“女德大师”前来讲课，没有要求收费，但会要求“自愿”捐款。捐款明细中，听课者多的捐了十几万元，少的捐了 3 万元。

总的来说，“女德课堂”就跟“网瘾学校”一样，一些人对这种反常识、反伦理的行为匪夷所思，而这却是另一些人的“刚需”。

这是一个割裂的社会，仍然有些人发自内心地认可它们，并且对不遵守“女德”的人很生气。

二

我觉得有几个角度，可以用来重新理解这个“女德班”。

首先，为什么这么多人，包括很多男性，同样强烈地嘲讽和反对“女德班”？

表面原因是对于现代人来说，这个“女德班”太过反智、反常识了。“点外卖就是不守妇道”这种判断，只能当一个笑话，都不配生气。

大家反对这种班，表面是因为它蠢死了。而真正的原因是它不仅不符合女性的利益，也不符合男性的利益，而且是侵蚀男性权利的。比如，有一个小视频，女德“专家”采访几位小学生，其中一位只有九岁。女德专家对着男孩子大谈“手淫”有害，甚至会导致残废云云。

这严重违反科学常识，哪个正常男性要听你这一派胡言？都什么年代了，还教育人（包括男人和女人）“万恶淫为首”？比如说“丑妻家中宝”；说“女人浓妆艳抹喜欢化妆”就是罪恶，以后就要被割掉子宫；说美女都是红颜骷髅，一钱不值。指责的虽然是女人，男人也不爱听啊。正常男性都想娶漂亮老婆，谁要特意挑丑女？这违反人类天性。

还有要求女人手刷厕所、手洗衣服，以受苦为荣的，这种“女德”，对买得起洗衣机、买得起马桶刷的现代男性来说，不仅毫无好处，生活质量和效率还下降了，白白心里添堵。

其实普通的“直男癌”或者大男子主义者，他们的逻辑是男性是应该从男女关系中获利的，女性听命于男性，男性可以拥有比女性更多的权利和性自由。但如果女性档次太低，他们就无利可图，甚至还倒过来吃亏了呢。

只要还有一点选择的可能，谁想挑一个丑陋的、全无性魅力的、灵魂上比奴隶还要卑贱的，经济能力、个性品位上都极其低劣的妻子？在她的身上，完全捞不到油水，他们当然也不满。

其实，这样的“女德班”，同样也对“男德”提出了要求。因为“灭人欲”，也是“女德”的核心价值观。不论男女，与性和审美有关的都是邪恶的，要打倒一切欲望。男人必须禁止各种性冲动，不能对美女有兴趣。

同时，它还要求通过自我践踏和污辱，来打掉人的羞耻心；要男童公开说自己“手淫”，要少女公开对自己“看黄色录像”下跪忏悔，都是让人（而且还是孩子）如同兽类一样无廉耻，更加卑贱、对“女德”更加言听计从。

这种伤害岂止对女性？文明社会里的男性的尊严也受损了。这是一种对文明的倒行逆施，谁都应该反对。

三

现在就来到第二个问题了：既然“女德”是虐待女人、污辱女人，对男人也只有坏处没有好处，那为什么还有人信？甚至还有人花钱去学？

这当然是因为愚昧，但所谓的愚昧，也是因为在他的价值体系里，这样做是有好处的。哪怕这个判断大错特错，出发点仍然是对自己有利的。

从女性来看，这些前来听课的女性，都是城市女性，甚至能出得起不菲的捐款。但有点钱，并不等于有文化，更不等于有正确独立的价值观。这些女性，普遍生活在重男轻女的家庭当中，接受的是女人就是比男性低等的教育，她们也从心里接受这套规则。

而认同男尊女卑的女性，必定只能与认同男尊女卑的男性结婚。不可避免地，一定就会伴随着男性各种家暴、出轨、嫖娼，以及婆媳关系恶化、守寡式育儿等问题。因为男尊女卑的家庭里男人怎么做都是对的，一切都是合理的，区别只在于女性卑微的程度够不够，能不能包容。这些女性的痛苦，不在于认为这种男尊女卑不对，不在于感受到不公平，而是痛苦于自己为什么忍耐力不够，为什么要生气。忍耐力不够就要努力学习，就要更充分地认识到自己这个性别的低贱，认识到自己“比厕所还脏”。这样慢慢地就能接受命运了，就能忍了，家庭就可以和睦了。

男权是不会向弱者让步的。

你若是告诉这些女人，男女人格是平等的，女人也可以在外打拼，让男人回家做奶爸，女人不妨在婚前多交男友、多找性伴侣，一直尝试到合适为止——她们恐怕都要跳起来打你了。

因为用自己的脑子、争自己的尊严、为自己的人生负责，可比挨打受累、操劳家务、忍受凌辱困难多了。前者是主动的、后者是被动的。打人比挨打要累。

网曝视频中，女德班讲师称，自己的母亲是女强人，因为脾气刚烈，常做男子做的事，阴阳颠倒，最后子宫被切除，因为“她不会做女人了，这是多么的可怜”。

但仅仅怪这些女人，是没有用的。她们生活的环境里，大概就不曾见到过一个有平等人格的男人或女人。就像你穿越进明朝，告诉大家人人平等、君臣平等、男女平等时得到的效果一样，这些人只会吃惊于你竟然不知道尊卑有序，竟然不知道男尊女卑。你启蒙她们？她们反过来还想启蒙你呢。

即便其中有人暗搓搓地说觉得你说的有道理，但没有外部强有力的长时间支持，她们的环境、她们的教育、她们的家庭地位和社会地位，也注定了她们根本不会有解决的办法。

——别说这些深受洗脑的女人，就算有能力有水平的职业妇女受到男权社会的挫折也不计其数。哪有什么坚持？全靠死扛。这些本领有限的女人，清醒了，又能从哪里找到生路呢？

还不如自我麻醉。

四

最后，经济的不景气，对于“女德班”的出现，起到了推波助澜的作用。

很简单，经济不景气，就业机会少，首当其冲的，就是女性要被挤压就业空间。工作岗位都不够了，妇女回家，妇女听命于男人，服从于家庭责任，就成了需要宣扬的一种美好品质了。

而且，当一个地区经济状态恶化的时候，大家对生活条件的要求是可以降到很低的。就像越是中产，越觉得养不起孩子，一个孩子都有很大压力；越是农村，就越是养好几个孩子，多个人多双筷子而已，人丁越来越旺。

遵守妇德、照顾家庭的女性，也同样如是。经济发达的上海或北京等地区，敢让老婆不上班的，都得是富豪人家吧，否则每个月光是房子按揭就 5 万元，还有孩子学校的天价赞助费呢，哪里还养得起光鲜漂亮的老婆？但如果经济不发达的地区就无所谓了，老婆工作不工作差别不大，总之饿不死。

但是，人需要满足感。有些人，可以从舒适的生活中，从良好的社会地位和价值认知当中获得；但有些人，在社会领域一无所有，或者贪心不足，他们需要在家庭中剥削弱者来获得成就感。妻子和孩子的驯服，对他们来说就至关重要了。

这也是为什么在评论里还是能看到不少性别为男的网民认为“女德不可或缺”。这些人一般都是社会评价非常低的（与有钱无钱没有直接关系），他们无法从社会中获得正向反馈，只能靠打老婆来获得心理平衡了。

有人认为，妇德的作用十分大。越是女性地位低的时候，妇德的作用就越大。——主要是可以用来背锅。

经济好的时候，鼓励消费，鼓励欲望，鼓励创新，鼓励创造力，鼓励打破传统窠臼；而经济差的时候，号召人们消灭欲望，老实，不要动弹，听话，向后退，这是能量不足时的省电模式。

就像长裙短裙的流行可以被视为 20 世纪西方经济景气与否的一个判断一样，讲究服从的传统是否兴旺发达，也可以视为判断中国经济景气与否的一个指标。

但这为什么跟女德有关系呢？很显然，社会资源不足了，要先从打压女性、扑灭女性的斗志、剥夺女性的生活资料和生产资料开始。

到了这里，我们会看到，“女德”的供给方和“女德”的需求方，完美地结合到了一起。

什么时候，这种“女德”才能彻底从这片土地上消失呢？

为什么那么多女人宣扬“女性低贱论”？

> 她让其他女人变蠢、变奴才，向男人讨钱；而她自己，不断强调自己聪明、自己强大，自己掌握一切，手里金山银山流过，男人向她讨生活。

*

某视频节目中姜思达采访了Ayawawa，再一次把这位坐拥“世界最大情感咨询机构”的神奇情感作家、初代网红推到大众的讨论中心。

认真听完之后，我觉得我要喘口气。我需要更多的自制力来平息我的震惊。

一

节目中，Ayawawa（以下简称娃娃）称咪蒙是“母爱算法”，即“你想看啥，我就给你啥”；自己是“父爱算法”，即“我是对的，你要听我的”，“我们是父爱算法，往往比母爱算法更让人成长”。

两大顶级流量网红的互相攻击，是节目的看点和争议之一。

虽然两者都被诟病，但如果要我说，相对起来咪蒙粉的智商还是要比娃娃粉的智商高那么一点点。咪蒙是迎合市场，不乏低俗；娃娃则是洗脑邪教，也恶劣得多。

我注意到的是视频的后半段：

娃娃说：男孩和女孩是两种完全不同的生存策略，每一个生存策略都是对半开的，谁也占不了便宜。男生承担了比较重的责任，但得到了更多的荣誉，女生就处于被保护的状态。

姜思达问：你觉得历史上一直都是这样的吗，无论哪个历史时期男女都是平等的吗？

娃娃的回答亮了：对啊！在有一些历史时期，女人的基因得到更好的回馈，有一些历史时期，女人的个体得到更好的回馈。比如，在一些封建时期，女人没有挑选伴侣的权利，但她的回馈就是，她的每一个后代都能得到精心的培养。

姜思达的眼睛瞪得比铜铃还大：如果是女孩呢，生下来就被送走了呢?

娃娃继续自信满满：但是她还是有后代啊！女人和孩子的所有权益是一个篮子里的，女人的个体得到足够多了，孩子的个体得到的就少了。PU（亲子不确定性）低的时候，父亲会养娃，但母亲就得割让权利……

大姐，谁告诉你，妈妈过得好，孩子就倒霉，孩子过得好，妈妈就必须倒霉的？早些年，那些贫穷人家的女婴刚生下来就被溺死，是要怪她们的妈天天锦衣玉食吗？那些生养得不错的小孩，他们的妈都去当乞丐或天天被毒打了吗？

还有，谁告诉你，在封建时期，没有挑选伴侣权利的女人，她们的后代能得到精心地培养？难道今天比较有挑选伴侣权利的女人，她们的后代反而无法得到精心培养？难道说，越是低贱的女人生下的孩子越能得到好的培养，越是平等的女人生下的孩子越被糟蹋？

观点荒谬到一定程度，你就难以反驳了，因为你得先从解释1+1=2开始。

娃娃红得确实比较早，在猫扑上成名，十多年前就上过“快乐大本营”了，自我宣传“比我聪明的都没我漂亮，比我漂亮的没有我聪明”。她是做模特出身的，现在在网上一搜，还是有她大量的三点式照片。

好些年前，娃娃写书、写博客、开了美妆店，就已赚了不少钱。可能还是嫌来钱慢，现在办一个叫“花镇”的情感咨询机构，咨询套餐八千八百到几万元不等。在网上，娃娃有大量粉丝，各个地方均有粉丝团或后援会，她的粉丝“维护数据”的勤奋和能力，不比流量明星差，而且我估计都是自发、自愿、不收钱的。

据预测，娃娃的月收入至少是千万级别的。

娃娃的厉害之处，就是她的邪教级别的传销能力，而且，理论都可说是她原创的。

漂不漂亮见仁见智，但一个漏洞多得像筛子一样的理论体系，能给她赢下浩瀚如海洋一样的粉丝，还源源不断地给她送钱、送粮、送命，谁要说她不聪明，那就是不客观了。

二

娃娃的个人故事非常丰富，可以拍几十集连续剧，娃娃的理论非常丰富，可写一本书了。我只说几点：

娃娃做到了逻辑自洽。她建立出了一套架空体系，前提就是，女人是比男人低等的，你只要谄媚男人，就能征服男人；女人如果有自尊，就会吞针。

啥叫逻辑自洽呢？就是可以任意曲解：

你很聪明但你过得幸福：等着吧，你男人一定会出轨的。

你百般委屈自己迎合男人但还是被家暴：你一定是跪得不够低，还要跪得更低一点。

男友嫖娼出轨，女人多次流产：你还是多想点办法嫁给他吧，否则谁还会要你？

男人猥亵家暴年幼女儿，妈妈极痛苦：你作为女人、性魅力（MV，伴侣价值）太低而无法让男人放心，你要好好表现、降低PU才能让男人不再家暴……

总而言之，女人不够低贱，就是“高看自己”，就一定会被男权糟践，就会吞针。

娃娃理论牛就牛在万变不离其宗，包打天下。

2.MV 和 PU。

伴侣价值和亲子不确定性，是专指女性的。所以她的微博上长期摆出一些女人的照片，让娃粉们给她们的容貌打分。不美的和太美的分数都低，只有那种好看，看起来像是比较贤惠、比较蠢的才能获得她的青睐。

这套理论的要求就是：

MV 伴侣价值要高：女人要够漂亮；家里有点钱；性格特温驯；学历大专就行，顶多本科，不能再高了；如果还有个无竞争性又有点体面的职业最好。

PU 亲子不确定性要低：女人要漂亮但不能性感，要笨、要蠢、要无条件顺从老公，不要能干、不要聪明、不要有想法，早结婚早生儿子，而且一定要儿子——简单地说，就是一个又美、又有钱、又很蠢、又无条件服从和崇拜老公的女人。

那么老公就有可能给你房子加名了。

同学，这是大智慧啊。

3. 剪刀、石头、布理论。

普通男人是石头，握拳死守手心里的唯一女人；有钱有权者是高级供养者、是布，尽可能多发展情人；情人是一把剪刀，有性魅力、只想短期寻欢、不想结婚。

类似的，也有女性版本。石头女就是颜值一般、魅力一般、赚钱能力一般，对待伴侣有极高的忠诚度的女性；布女就是“我不嫁豪门，我就是豪门”的和事业优越的女性；剪刀女，就是一般人口中的绿茶、白莲花。

娃娃和娃粉的爱好，就是分析谁是剪刀谁是石头谁是布。

不过，她特别看不起“布女”：你虽然能干，但能干得过“布男”吗？“布男”会把钱都给“女剪”或少数给“石头女”花，所以，最有钱的还是依附于男人，能从男人手里哄钱的女人。

娃娃拿了两个同龄女人举例：一个女孩，读了博士，而且是哥伦比亚大学博士，还是单身；一个是大专生，刚毕业就结婚了，很快就生了孩子。她鄙夷地说，你读到博士还不是嫁不出去，你看看人家，已经生了漂亮宝宝了，人生赢家啊……

我想知道，娃娃因为她的学历，到底自卑到什么程度了呢？一个自创了中国门萨协会并自命会长，然后被国际门萨协会打脸不承认，智商 145，但却只考上了大专（据说哈佛大学的平均智商是 130）的女人？

4. 娃娃开创了几个令人吃惊的医学新发现。

包括“教人如何生下一个异性恋儿子”“平时经常吞精来预防先兆子痫”。大家惊叹：你为什么不去拿诺贝尔生理学或医学奖？！

5. 讲了这么多理论，吸粉无数，赚钱无数，但娃娃本人完全是她的理论的反动。

她的 PU 高到爆：妖艳、浓妆、整容网红脸，穿着性感；总是抛头露面，总是很勤奋、太能干、太强悍、太爱赚钱……

按她的这一套“降PU”的理论来说，她应该被老公打爆头了才对，因为怀疑孩子不是他的，而且她这么“优秀”太容易出轨了嘛。

好像也没有。她还是活得挺好的，妻唱夫随。

一个人，不要看她怎么说，而要看她怎么做。她让其他女人变蠢、变奴才，向男人讨钱；而她自己，不断强调自己聪明、自己强大，自己掌握一切，手里金山银山流过，男人向她讨生活。

粉丝们要是真崇拜娃姐的话，为什么不看看她是如何做的？为什么不学一学？当然，一个坏到骨髓里的女人，不容易学。

我不想用“男女平等”“人要有自尊”这样的话来劝娃粉们，我只想说，你们跪得多低，都还是不够低，毕竟，这么多女人忍着家暴，忍到被打死了，PU还是没降下去，因为娃娃会说，你是高攀了。

钱是小事，你们的生命，也只是成为“女人必须低贱”的又一注脚而已。她快乐地踩着你们的尸骸，通向成功。

光鲜亮丽的“独立女性”才能代表女性吗

> 这不是什么丑化“独立女性”的问题，而是一些人认为自己代表光鲜亮丽的女权、看不起革命不够彻底的女性的问题，认为她们的烦恼痛苦都不值一提的问题。

*

2016年，SK-II有一个广告“最后她们去了相亲角”，在朋友圈里得到广泛的传播。这是一个带有公益性质的广告。许多人称赞“终于有了一个三观正确的广告”“让女人更独立”，但后来，同样涌现出许多反对的声音，说它是“泼向独立自信的脏水”。

为什么面对同一则公益广告，观看者会有如此截然相反的体验？

这个广告分为两部分，前一部分，是一些单身女性表示压力很大，她们的父母不停地催着她们结婚，愁眉苦脸地抱怨“你长得也不好看”，女儿黯然流泪，说“也许我太自私了”。后一部分，是这些女性终于去了相亲角，但不是去相亲，而是把她们的大幅海报挂上去，昭告“我不想为结婚而结婚，那样不会过得快乐”，让父母们知道，她们想要过自己独立的生活。

其实“剩女”本来就是一个伪命题，“为结婚而结婚”更像是过时的价值观，但没办法，在中国的环境下，这竟然是一个主流的态度。不管是在各种光鲜亮丽的广告中那种妈妈做饭、爸爸看报的结构永恒不变的三口之家，还是各大偶像时装剧中都视女人三十就是豆腐渣；我们看到的都是，女人，人生目的就是结婚，以及生个孩子，哪怕你事业再成功。

这也是 SK-II 拍摄这则广告的背景。作为一个高端护肤品牌，它的目标受众往往是有一定事业基础的都市女性。也可以说，这一人群，正是所谓的“剩女”最集中的人群。这则广告中把“逼婚”拍得这么凄惨，选择的女性演员都是普通人，很有可能会冒犯传统的价值观及普通人的审美，对于一个消费产品来说，还是承担了一定风险的。它能亮出“可以不为结婚而结婚”这种常识，已经算是有良心了。

那些反对，甚至是对其鄙夷的声音来自哪里？他们嫌弃它把不婚的女性拍得愁容满面。女性只是还没有结婚，何必搞得那么泪水涟涟？哪有父母说女儿长得不好看，女儿还觉得对不起父母的？它完全不能代表独立自主的女性的风采，甚至是丑化了这一人群。

我认为，这种反对的观点最大的一个问题就是：先预设了社会上每一位女性都是心智非常成熟健康的，可以不受任何外界（包括父母）影响。既然是女性早已懂得的道理，早就无须理会外界的看法而自行其是，何必你来多此一举？在这样的假设之下，这样的广告就显得毫无价值了。

确实，如今已有不少心智成熟的现代女性，与婚否没有关系，她们拥有高情商，知道自己是谁，知道自己要什么，也知道如何与各种社会压力相处。但坦白说，能达到这种境界的年轻女性，在社会中只是少数。大多数人，不仅仍然需要成长，也需要社会给予一个宽松的环境。你不能指望一个充满了繁殖癌基因的社会文化当中，突然孕育出一代全新女性，这里，所有人都能自立自强、义无反顾地背叛这种传承。

现实就是，就算有不少年轻女性在经济上已经较为独立，但她们的观念仍然深受传统的钳制，也被父母的迂腐深深影响，她们在自我与服从当中左右摇摆并且感到痛苦。你以为父母用“你长得也不好看”来逼婚是匪夷所思吗？不然，通过贬低女性（包括女儿）来大促销这一手法非常常见。如果不是具有成熟的心智，有多少人能抵挡得住亲人反复的羞辱？广告就是拍给这一基数更大的人群看的，意思就是：我认同你的烦恼，但是你仍然可以坚强自立，可以不为结婚而结婚。

这不是什么丑化“独立女性”的问题，而是一些人认为自己代表了光鲜亮丽的女权，看不起革命不够彻底的女性的问题，认为她们的烦恼痛苦都不值一提，认为她们不配称独立的问题。

这一类思路，在许多社会新闻的分析中也常常可以见到。比如柳岩事件。柳岩作为伴娘在包贝尔婚礼上被一众伴郎戏弄、霸凌、扔进水里；但事件视频流传后，居然是柳岩出来道歉。很多人就对她作为受害人还那么“怂”表示了失望；而后爆出来的邮件中显示她还曾把这当作一件正常的新闻通稿发，许多人就直接说“散了吧”。因为这显示出柳岩并没有意识到自己遇到了什么问题，她希望此事尽快过去，以保全她在圈里的人缘和前途。

争议的声音多种多样，这里，我想补充的一点是：有时，即便受害人本人也不一定具有正确的性别意识。柳岩的反应其实和很多女性类似：熟人间的“玩笑”，开始感觉受到了冒犯，很不舒服；但因为不想把关系搞僵，反而进一步说服自己相信这“没什么”。事实上，这正是因为我们的社会纵容这种看似“没什么”的冒犯，很多人都意识不到这就是一种冒犯，不知道要果断地说“stop”！

这里又衍生出一个更深刻的问题了：如果她本来就没有维权的意识，自己都糊里糊涂，旁人犯得着去帮她吗？

为避免多余信息的干扰，不如把这置换为一个更极端更常见的场景：如果看到有人在狠狠地殴打妻子，外人上前劝阻，妻子反而站在丈夫的一边谴责帮忙的路人，那么，这个路人的行为是对还是错？或者说，这个受害的妻子，有没有被帮助的价值？

当然，风凉话是很容易说的，比如说，一个施虐一个受虐天生一对嘛，说不定人家很享受呢。这种小聪明的话谁不会说？但此时受害人站在施暴者一方，肯定不是因为她享受这种方式，而是在现实生活中、在无助当中无可奈何。假如她没有经济条件独立、一直生活在相信女人离开了男人就得死、执迷于孩子必须生活在完整家庭的语境当中，她就会选择忍受家暴，跟施暴者一起生活。这种女人，是愚蠢，但她的愚蠢，是基于她的小环境当中的“理性选择”；这意味着在她的狭小世界当中，离开家暴丈夫的后果，比家暴本身还痛苦。

有些局限，是普通人很难突破的。在一个多世纪以前，如果要让一个大家闺秀不裹脚（清末时旗人也普遍缠足，只是与汉人形制不同），那简直就是父母对女儿最大的不负责任和极端轻视，意味着放弃了她、不打算给她找个好婆家；你要是穿越过去跟女孩子谈身体的自主权，让她不要裹脚，她会以为是在陷害她。

而今天，在经济上，中国都已经是世界 GDP 第二的大国了，但我们的价值观还与文明国家有很大差距。少数有条件的女性可以傲视群雄、开拓事业的疆土，但大量的女性，仍然很难摆脱庸俗价值观的围剿。许多看起来愚昧的女人，她们的生活圈子就是一个又一个的价值观洼地；她们被各种各样的恶意包围着，很难看见外面的世界。就像缠足是旧时代女子融入她所在的世界的通行证一样，保持愚昧地与周遭环境一致，也是现在不少女性的自保方式。

所以看到欧逸文《野心时代》中在采访之后发出的感慨，“在农村的等级排行，地位唯一比年轻女子来得低的人，便是对未来还心存志向的年轻女子。”我是非常认同的。

还是菲茨杰拉德的那句话：“每逢你想要批评任何人的时候，你就记住，这个世界上所有的人，并不是个个都有过你拥有的那些优越条件。”能够成长为一个条件优渥、心智健全、还能自认为有资格说风凉话的人，很大程度上，是你的环境造就了你。如果认为一个没有坚决去抵制霸凌或者性骚扰的女性就没有资格得到声援，没有反抗家暴反而赶走声援者的女性就活该受虐，不能义无反顾地蔑视社会压力和亲人逼婚的女性就不配叫“独立”，其实，这种资格论，同样是一种“受害人有错”的推定。它假设了受害人必然是意志坚定的、立场正确的，无可挑剔地与施暴者划清界限的，才有资格得到帮助。达不到这个标准的，则是活该。这就是“何不食肉糜”了。

我们要意识到，即便是些缺乏性别意识的，甚至是有点愚昧的受害人，她们也仍然是受害人。即便有可能碰到像柳岩这样轻易与环境媾和的人，下次遇到了仍然应该为她们发声。这也是我认为SK-II的商业广告已经难能可贵的原因：不少有点软弱的女性，也已经意识到要反抗这种婚姻的传统文化了。鼓励她们更勇敢，比讥笑她们姿态不好看，有价值得多。

当然，伸出援手不意味着强迫行善举。你可以不关心，但怎么忍心盯着不幸者的瑕疵尽情讥讽，或者打压帮助者呢？所谓的帮助，并不意味着强迫他人必须接受帮助，而是尽可能地改善环境、杜绝今后的类似伤害。也许我们不能从一个认为裹脚是天经地义的大环境中勉力要求某位女孩不裹脚，但却可以推动这个社会最终废除裹小脚；我们不能从乡村中强行把郜艳敏从她的孩子身边带走，但却可以促使拐卖妇女的现象越来越少；我们不能强行要求每一位受到性骚扰甚至性侵的女孩都勇敢地站出来控诉，但却可以让行恶者都得到应有的惩罚、受害人无须恐惧二次伤害。

还有，当女性不想勉强自己结婚的时候，希望人们不再去嘲笑在压力中哭泣的她们，不再强求她们认为这件事不值得流泪。

提高女性地位靠什么？

没有这些技术的发明和改进，任你怎么提倡两性平等都无济于事。人们的平等观念，不可能越过时代的局限，一步到位。

*

在每个网站、各种线上线下，都在庆祝“三八妇女节”、轰轰烈烈地搞各种花样大促销的时候，百度官方微博发布的一组海报，吸引了我。

一

一位年轻的职业女性，背着包走在深夜的街道上，眼前有一个虚拟的数字光圈，她处于安全空间里，“哪怕加班到很晚，也不用害怕一个人回家”。
——百度计算机视觉，让城市更安全。

一位单身职业女性，回家后用智能家居处理各种事务，身心舒展地坐在家中的大沙发上，享受难得的休憩，“难得三八半天假，别被无趣的家务，耽误有趣的灵魂”。

——**百度智能家居，让生活更高效。**

一位女性旅行者，坐在风驰电掣的车里，但她并没有在驾驶，手里拿着一个望远镜，“心有野马想到处兜风，不会开车，也能说走就走”。

——**百度自动驾驶，让行动更自由。**

这是个广告，百度借势为它的“阿波罗”无人驾驶自动汽车、计算机视觉技术（包括图像识别、人脸识别、视频解析等在城市管理方面的应用）、智能家居（包括智能音响和人工智能家居机器人等人机交互设备）等重要的智能产品做推广。

看新闻，有些已进入了应用。虽然是营销，但百度的这次借用女性的营销，却用得很巧妙。因为它不仅推广了那些能改变生活品质、代表社会未来方向的科技产品，顺便也破除了多个关于女性的刻板印象。

说实话，中国的广告营销，一直都是各种“直男癌”观念的重镇。他们并不想得罪女性，甚至想讨好女性，因为现代女性的消费力已经越来越强了；但是，在广告商充满偏见的脑子里，女性形象都是单一的：不是为家庭为孩子包揽家务、任劳任怨的贤妻良母，就是那种为了取悦男性而花枝招展的花瓶。

这些物化女性的广告比比皆是。

可惜，我们不得不接受的现实是：这些商品广告的营销是精准的，他们所面对的消费群体，本身也不可避免地充满各种偏见；广告正好迎合了这个人群。

不过，百度的这些“三八妇女节”营销，跳出了这个窠臼。

首先，它破除了最常见的刻板印象：女性与科技格格不入。

这里，率先把女性与无人驾驶汽车关联起来，赋予了女性一种勇气、好奇心、敢于冒险和尝试新事物的特质。而类似的特质，以往都是出现在男性身上才会被颂扬。

其次，它破除的刻板印象还有：要保护女性安全，就得限制女性的自由。

有别于规劝女性“不要那么晚回家”，它告诉你，科技能保障城市的安全，即便你加班到深夜才回家，也无须担心。

还有，即便是智能家居，它也破除了女性的科技产品只限于用来辅助家务的成见。

以往针对女性的电子产品和科技类产品，仅限于洗碗机、吸尘器、洗衣机——“爱她，就给她买某某抽油烟机”，是一种屡试不爽的广告策略。背后的潜台词一目了然：家务，让男人走开。男人能给她一个工具帮她做家务，就非常厚道了。

但这张海报中的女性，看起来是一位单身职业女性，她有自己的家，周围却没有家人、孩子等人要照顾，她的智能音响和人工智能家居机器人等人机交互设备，是为了给她提升生活体验和享受的，而不是为了服务别人。

什么时候，那些营销策划师们才能理解呢？现在女性最想要的，是实现自我，是减少约束，是能够自由冒险，是能够享受人生；而不是服务于他人，为家庭牺牲。

二

科技推动的女性地位改变，其实比我们想象中要大得多。

我们都知道，直到 20 世纪初，女性的地位才开始不断地得到提升。这得益于各种风起云涌的女性解放运动。但很多人忽略了，女性的解放，没有科学技术发展的推动，是无法实现的。

比如，美国人查尔斯·古德伊尔在十九世纪四十年代取得了橡胶硫化的专利，从此避孕套进入了工业化大生产的时代，其后又多次改进，全球普及。避孕套的出现拯救了全世界的女性，让她们从不间断的怀孕中解脱了出来，可以选择生或者不生了。

没有这项伟大发明，女性就是一个不知道何时会膨胀的生育容器，无法行动自由。

而二十世纪初发明的卫生棉（据说是“一战”期间），后来改进成抛弃式卫生巾，也堪称二十世纪影响人类的伟大发明。

因为长期以来女性的经期一直无法找到合适的清洁措施，月事让女人无法自由活动。于是，古代有“臭娘们儿”和各种“女人污秽”的歧视，女人被禁止出门，连“足不出户”都有了生理上的理论依据。

而卫生巾改写了这种生理特性。女人任何时候都可以自由舒展地活动，甚至游泳，乃至于敢在月事期间跳进泳池进行奥运游泳项目比赛。

可以说，没有这些技术的发明和改进，任你怎么提倡两性平等都无济于事。人们的平等观念不可能越过时代的局限，一步到位。

而工业革命之后，又迎来了现代社会的发展与分工，如今的绝大部分岗位都与体力无关了，女性基本上可以从事所有的职业了。女性可以独立地拥有财富，这才迎来了男女平等的可能。

接着，在传统的女性劳作领域，洗碗机、洗衣机、冰箱等，极大地将女性从家务劳动中解放出来，使她们得以省出更多时间来做有价值的事。当然，现在男人也应该一起做做家务了。

用科技，就可以克服女性的生理问题，消除与男性的本质差别。

我们知道，现在的两性还远远未达到平等，借口仍然是“男女不一样，无法平等”；现在，女性还有哪些方面会被视为与男性不同呢?

也许是安全。在一些人眼中，女性有性价值，又脆弱，她们的安全性比男性低，所以要求她们晚上不出门，不让她们出差，不让她们旅游，限制她们的自由。

也许是家庭和养育的重任。在一些人眼中，女性仍然是家务劳动的主力。

也许是一些机械或智能技术水平不足。有一些人眼中，女性的很多能力都无法与男性相比，创造性不足，惧怕科技发展，所以无法融入科技和信息时代、担当重任。

时至今日，很多的男女不同，都是戴着有色眼镜的人构建出来的，差异未必有那么大。但要把他们脑子里的刻板认知和歧视抹掉，太难了，他们的固有观念太强大了；而这样的人还很多。

我忽然想到了一个问题：其实，普及多少次关于公平与平等的知识，呼吁多少次“天赋人权”，都不如你带给他一个真实可见的新世界：

你说女司机不如男司机？不用再把大数据抛出来，解释半天女司机的安全性比男司机要高了，现在无人驾驶，不分男女。

你说女人晚归不安全，出事要怪受害者本人？不用再普及“别指责受害者”价值观了，现在普及城市视觉智能，安全监测无微不至。

你说女人不要忙事业，要多留点儿时间给家庭？不用勉强他们接受男人也可以放弃事业做家务的平等观了，现在有了可以人机交互的智能家居设备，干家务不需要人，男男女女都可以安心拼事业。

女人都要生孩子，所以要当家庭主妇？不用说以后女人都不生了，现在的人造子宫已经做过动物实验了，万一哪天实现在人的身上了呢？

……

很可能，我们呼吁过千百遍、普及过千百次的“平等观”，最终还是需要借助科技的力量，一一实现。

对这个未来，我还有点憧憬呢。

最终，帮我们实现平等的，不仅有社会各种声音的推动，也有在聆听到足够女性发声之后的科学家们，致力于现实问题的解决。

辑二

（每一位女性都在为性骚扰的存在付出代价

王尔德说过：“任何事情都是关于性的，只有性不是，性是关于权力的。”

当他们在性骚扰的时候，他们在想些什么？

> 对他人实施性骚扰乃至于性侵，并非因为施害者性欲强或性能力强大，仅仅是因为其渴望利用溢出的权力（或者自以为有），来侵犯他人，来获得满足感。

*

2018 年 7 月，微博和微信被公益圈与文化圈的几桩疑似性侵与性骚扰的事件刷屏了，甚至隔十几个小时就曝光一个。鉴于当事人有一定的社会知名度和影响力，更令人感慨：现在的圈子都怎么回事？这个社会怎么啦？

不过，从几个当事人的回应和公众的反响来看，其实这些问题早已存在。

一

知名媒体人章文，被一位女性揭发。后者称章文灌醉了她，并不顾她的反抗强行与她发生性关系，并且在事后多次威胁她。在此事曝光之后，连作家蒋方舟和知名媒体人易小荷也公开表示，被章文在公众场合摸过大腿。

我希望当事人能寻回公正。不过，耐人寻味的还不是事件本身，而是章文的种种威胁和反应。

章文对受害者说：

“我查了你们单位地址，我会和我的律师去拜访你的。”

“你永远摆脱不了做我女人的命运……我上过 100 多个女生……我做过十几年的记者了，认识圈内无数的人。”

“蛇蝎心肠，不得好终！”

而转发这件事的几位知名媒体人，也被章文威胁。

在那之前两天，被曝光的是知名公益人雷闯和冯永锋。雷闯是反歧视运动圈里的知名人物，有女生写了一篇长文来举报雷闯在三年前的徒步过程中，对自己实行了强奸。

雷闯很快就写了一篇文章回应，对“犯罪事实”给予承认，表示道歉、追悔莫及，并说“考虑向警方自首”。但同时，他又给媒体发了一份通稿，上面可不是这么说的：

“我们在一个房间里，发生了关系。此后，我们成了恋人，至少在我看来，我们是‘恋人’。或许站在当事人的角度，并没有认可我男朋友的身份。”

“事实上我这个‘男朋友’的身份也是非自愿的。”

“这中间混杂着公益，混杂着男女之间的情感。”

然而，当事人表示，自己从未与其恋爱。与雷共居一室是被迫的，她是半夜才发现雷爬上来，并脱了她的衣服。这件事给她带来了很深的伤害。

而冯永锋，也被人发文指控，他多次对其他女性（皆为化名）实施强奸、暴打、袭胸，并且多次在公众场合威胁女性，公开表达诸如“你知道为什么那些女生不让你抱，那是你没有把环保事业做成功，如果你把环保事业做成功，不要说 ×× 的闺蜜，就是天下的女生，你都可以随便抱”的言论。

冯永锋第二天就写了一篇文章回应，说是自己因为喝醉酒，对基金会里的一位女孩强奸未遂、弄伤了她，并且在小圈子里对其公开道歉了。这样的“因醉而性骚扰”的事，发生过三次，向大家道歉。他知道文章是谁写的，请大家继续支持此人的公益事业，谢谢大家哦。

冯的追悔和承诺是什么呢？他以后要戒酒！

真有意思。

随着这几个知名人物性骚扰、疑似性侵事件的曝光，与他们同圈子的好几个公益人，也曝出了类似事件，甚至性骚扰同性。但里面的性侵嫌疑犯们，不管领域，不管知名度大小，情节有何不同，都有一些共同点：

1. 从内心中，他们完全不认为这些性骚扰、性侵，有何不妥。即便是道歉，也仅是曝光之后的公关策略和公关姿态而已。

2. 他们有很多美化和修饰性侵、性骚扰的策略。

3. 相对于受害人，他们具有一定的显性和隐性的权力。

4. 威胁受害女性和其他女性，是家常便饭。

5. 他们绝不会仅对一个女性下手，他们会普遍地骚扰多个女性，得手一个算一个。

6. 他们在一定的圈子里会获得坚定的支持，受害女性反而会被羞辱。

二

王尔德说过："任何事情都是关于性的，只有性不是。性是关于权力的。"再重复一遍常识：性侵关乎权力。对他人实施性骚扰乃至于性侵，并非因为施害者性欲强或性能力强大，仅仅是因为其渴望利用溢出的权力（或者自以为有），来侵犯他人，来获得满足感。

这些案件当中显然也是。

虽然这几位并不是女性的直系上司，也不是直接的师长，但他们身上有光环，有道德加持，年轻女性们对他们尊敬有加。另一方面，他们有一定的知名度，有为数不少的粉丝，在舆论场上，他们占据优势。

更有一点：在相当一部分人眼中，他们身为男性，不管什么层级的男性，天然就拥有加害权，就是优势。而女性不能自我保护，没能抵挡住这种加害，就应该自我反省，就是坏女人。这就是性别压迫的权力。

在圈子里，经常会有一些男性，会从“大义”的角度，维护施害者利益。

比如，同为知名公益人的邓飞表示：“雷闯做了什么，他去承受对应的责任，付出代价，我们支持他勇敢面对，重新开启，毕竟他是我们公益人的一分子。”他也赞同了另一人说的，“是的，我们不用在道德上谴责雷闯们。”听字面意思，还以为雷闯被人性侵了，大家支持他勇敢面对呢。

当然，曝光出来的对话里，还有下面的言论：“这肯定是一个阴谋，这女人被重金收买了”“这个仙人跳有点大”“这个女人不得好死，包括她家的小孩子”“大家都是凡人，凡人就有犯错的时候”……令人瞠目结舌。

有人说得很好，这是一种“兄弟会”，他们互相维护，互相打掩护，互相为对方的不当性行为背书——男性的性别权力是一块巨大的利益，他们必须抱团维护，以便将来自己被曝光时，兄弟们会同样维护他。

而同时，利益相关的女性，也不乏主动实施荡妇羞辱的人。比如，有一个四五百人的公益组织朋友群里，有女性就说：“都 20 多岁成年人了，难道不知道跟男性在一个房间里会被 × 的吗？”“这女孩是在钓鱼？”

更有人得出了结论：

“作为女性，我觉得自己也应该检点一下。自尊自爱。不能用公益作为借口。都是成年人，很多时候要为自己做的事情、做的决定付出相应的代价。”

听这句话，我会以为是这个女孩强奸了男人，她要承受法律的代价呢。

这些话术太熟悉了。男性的“兄弟会”，和女性的“荡妇羞辱联盟”，他们互为掎角，把受害女性逼到角落绞杀，直到她放弃控诉、承认自己的错为止。

中国的“Me Too”运动，从高校圈，发展到公益圈、文化圈，也是有我们自己的国情的。做公益，直接的“利”不多，但由此光环加冕，获得崇拜，尤其是女性的崇拜，利用这个身份捞取性别利益，就成了他们重要的驱动力。

这让我想起，在古代，无论中西方，战争中获胜的一方，常常把战败方的女性作为女俘，奖赏给有功者。而这些公益圈或文化圈的“道德标兵”，在获得一定名望后，会把瓜分女粉丝和女追随者，当作“骨肉皮”（Groupie），作为犒赏他们“成就”的一部分。

简单地说，一个把女性当作“资源”，以资分配给“有功者”“成功者”的地方，或者当作维护社会稳定的工具时，也就别指望性骚扰能停止下来了。

甚至，在曝光之前，他们都不会觉得这是个事儿。

三

在中国，几乎所有女性（是，所有），都在不同程度上受到过性骚扰。而且，都不止一次。区别只在于有的伤害很深，有的让人恶心几天。可以说，实施性骚扰的男性，不管是言语，是身体的触碰，还是利用权势的胁迫，他们百分之百知道自己正在实施性骚扰，百分之百知道自己并没有获得对方的邀请或默许。

无论他们之后如何辩解说："不小心""无意""我不知道女性的拒绝意味着拒绝"，都不过是公关方式。

更不必说强奸这种事了。他们绝对知道自己在强奸，他们也知道你根本不乐意。喝醉过酒的人都会明白，真醉了酒是无力实施性侵的，那只是冒犯的借口。

他们知道自己在做什么，也知道你知道他们在做什么，但更知道你叫破喉咙也没有人来救你。

但一旦这个常规被打破了，真有女性站出来指控了，他们马上打扮成弱者；他的认同者们也马上付诸行动：

1. 被女人仙人跳，被女人坑了。

2. 我为公益做出这么多贡献，她揭发我会让我完蛋的，她好歹毒！

3. 我已经认错了，你还想怎么样？

4. 你不该不知道我会强奸你的，你不该不防范我的；你居然没有预计到我会强奸你，你装天真，你就是荡妇。

5. 嘤嘤嘤，我只是因为软弱、喝酒、一时糊涂犯了错，你就要把我置于死地吗？

6. 你只是被我强奸了而已，可我的前途却被影响了呀。

7. 私德不重要。（你问问刑法，看它答不答应说性侵是不重要的私德。）

基本上论调就是：男性是被迫去性侵女人的。男性是弱者。

庆幸的是，现在有相当一部分人，有女性也有男性，已经学会了分辨和唾弃。以前女性的声音太弱、顾忌太多，整个社会氛围都是浓浓的荡妇羞辱。尤其是在类似于熟人强奸、师长的性骚扰的情况下，绝大多数女性人单势薄，不得不忍气吞声下来了。但现在，虽然“荡妇羞辱”仍然普遍存在，女性至少有了更多的后援。

终于有女性有勇气站出来指控了。而且，一个性侵惯犯、性骚扰惯犯绝不会只骚扰过一个女性，他一定是性骚扰过无数的女性，一个站出来，就会有更多的女性站出来作为旁证。这是一种示范效应。

放心吧，现在才只是一个开始。

“我没有被性骚扰，但我为了不被性骚扰付出了代价”

> 男性霸权的无意识，正和你我所知道的权力结构是何等相似：它既可能直接施行于你身上；也可能通过施压，让你无时无刻不得不保持恐惧，因为你不知道它何时会对你起作用，何时动用它的权力。

*

日剧《问题餐厅》中有一个女孩子，她叫蓝里，她说过这样一段话：

> 为什么大家不愿意穿泳衣呢？我总是在内心里穿着泳衣的呀。即使被摸屁股，我也完全不会说什么的呀。我是“被摸屁股也无感”培训班毕业的，我也从就算被说“你这身衣服男人不喜欢”，也要回答“对不起，下次会注意”的培训班毕业了。同时也得到了遭遇“去减肥吧”，也要敷衍过去的培训班的认证。我钱包里塞满了各种认证书呢。
>
> 遇到痴汉也没办法，谁让我穿的是短裙呢？拒绝不喜欢的男人一起吃饭的邀请，会被认为是自以为是的女人，这可不行。

> 就算被性骚扰了，也可能是对方需要温暖，所以就原谅他吧，反正他也没有恶意，所以我不应该太较劲，接受事实才是正确答案……
>
> 以聪明方式活着的女人，要懂得不在意、谅解和接受。

这段话看起来真令人伤心。

但这不是我们普遍要面对的事实吗？公布被性骚扰了（如蒋方舟和易小荷），还会被人挂出照片：长得这么丑，你也配被人性骚扰？

二

《人物》在微博上征集故事，24 小时内收到 1700 多个性骚扰故事，发了一篇文章。而在我的微博下面，在一个我分析“女性遭遇性骚扰有多普遍”的微博下面，也有数千条转发和留言，都在倾诉自己或者曾经旁观他人的不幸遭遇。私信还有很多，我都无法一一回复了。

资深媒体人、腾讯高管杨瑞春老师说：

> 就像两年前团队女 leader 们一顿午餐，大家突然聊起这个话题，才发现在场女生百分百全部中过招。因为这种经历即使

对于女性来说，也是最秘密羞耻痛苦的体验，很难跟人去诉说。每个中招的女性都觉得可能是自己格外倒霉，没想到性骚扰这件事就像大姨妈一样人人皆有。

而即使这群强悍的占有相对多社会资源的女记者女编辑，也没有一个说自己报过警的，更何况普通女性？这才是中国的真实国情。

男性们普遍不能理解，有吗？真的吗？你们会不会在诬蔑啊？他们从来没有看到过，或者假装没看到，或者看到了觉得这很正常不算什么。报案率极低，立案率更低。不让说出来。说出来之后要遭受各种质疑。掩住她们的嘴，当然就没人听到了呀。

没有人告诉过他们，性骚扰是不对的。当他们发现，实施性骚扰甚至性侵，居然是有风险的，居然有可能被对方曝光，这实在是太可怕了！

我一再地说，中国女性基本上全都遭遇过性骚扰。我自己有没有碰到过？当然有。从小时候开始，走路时被陌生人摸一把，骑车时一群男人在旁边吹口哨说下流话；倒霉的时候碰到过露阴癖，坐公交车的时候被人蹭，我都从车头走到车尾了还紧贴着我。别问我穿什么，上学放学路上除了穿奇丑无比、宽宽大大的校服，还能穿啥？

即便是工作以后，我作为一个记者参加各种活动，类似的咸猪手也没有少遇到过。庆幸的是，这些年里，这件事并没有引起我多大的困扰，顶多就是让我恶心几天。我并没有因此而怀疑自己。比起很多女性受到触目惊心的伤害所引起的各种创伤后应激障碍、抑郁症，甚至自杀，或者被辞职、被各种凌辱来说，我这些似乎不算什么。

但是，当我重新回溯，我意识到，我绝非幸运儿。——我因为回避这些令我不快的各种侵扰，失去很多机会。

实际上，即便在一些像我这样麻木、看起来不那么好欺负的女性身上，性骚扰本身，也是一个极为有效的对女性的驱逐机制。

二

举个最简单的例子，在我开始当记者的时候，去参加活动，有一些正常的饭局，却碰到被强行搂肩之类的事，我就尽可能地减少去各种活动了。

很有自我保护意识吧。

但你也知道，不积极，就拿不到最新最多的新闻。

那些认定女性在职场上有性别优势的人，认为女性抛一个媚眼就能让对方给好处的人，都是垃圾。我知道，在早几年传媒还很光荣的年代里，有些做得好的财经男记者，经常跟财经界老大一起混、一起喝酒、一起“泡妞”，自己和朋友唱卡拉 OK 还能把某些老板叫过来买单。女记者，正常女记者，你根本不可能进入这样的圈子；连打个电话，都得三思又三思，生怕被人以为有什么工作以外的企图。

你觉得，就这样两个同样有业务热情的记者，是男性还是女性更有性别优势？莫非你以为女记者每条稿子可以靠身体来换，所以她们有“性别优势”？——而且，就算没有，也保不定会被无中生有。

职场上女性天然就被排挤在男性的霸权以外；恶毒一点儿的地方，“一起当过兵，一起嫖过娼”有利于巩固男性的同盟。对女性揩油的目的本身是揩油，顺便还能把胆怯的女性清扫出局，集中了权力，一举多得。

前几年，我是某作协的签约作家。但参加一次作家采风活动，刷新了我的三观。该活动来了不少来自全国各地的中老年名作家，但女作家没几个，年轻的女作家更少了。总之，一路上我碰到若干次来自不同的作家的动手动脚，让我如坐针毡，到处提防。

以后，我不再参加任何采风活动，该作协提议给我的重点作家推介会我找借口推了，签约期满我也不再续约。

对此我当然有损失，不仅有经济损失，而且也更改了我的职业道路；从此我就死了当纯文学作家的心。

这就是女性回避性骚扰的代价。而那些人，他们是惯犯，他们并不针对我，他们是对所有可能靠近的女性这么干；但他们秋毫无损。

肯定有杠精问我：为什么不大喊大叫，为什么不报警？但问这些问题之前，你必须教我，如何回应章文指责蒋方舟的：你有没有拍照录下来啊，你有没有指纹认定啊，大家平时不都搂搂抱抱的吗？实际上，我也制止了进一步的侵犯，但我能保护自己，并不能抹去性骚扰犯的恶行；你第一次伸手摸的时候就是性骚扰了，不管我后续是什么反应。

那是好几年前了，那时的我也没有想得那么清楚，也还没有关注女性权利。直到现在，我还是很怂，我觉得那种“轻微”的伤害，不值得今天的我付出巨大的声誉代价来指认，跟某个圈子彻底决裂。我没有蒋方舟们那样的勇气，我比她们差远了。

这几年来，大概因为一听我是“女权”作家，很多人就自动避开了；一个凶悍的糟糕的名声，多少可以变成一种保护色。我也不是一个好欺负的、娇滴滴的新人；即便是这样，也还是未能绝对避免。现在有些活动，我会先问有谁参加，听到一些讨厌的名字我就找借口推掉。

我的心比较大，不太敏感，而且工作多年有生活经验，也热爱工作；就算是这样，我也不得不为了回避那些无处不在的人渣们，一步一步地缩小我的地盘，失去不少工作机会。

作为宽泛意义上的受害者，我不得不为别人的恶行付出代价。我以为的没有心理阴影，其实还是有的。比如，我是否足够勇敢，我是否敢于“为民除害”，就成了我另一种道德负担，甚至，我自己也会对自己质疑：你还是女权吗？为什么这么怂？

潜意识里面，受害者被道德绑架了。对她们的要求，不仅仅是贞洁，还必须是战士；缺一点没做到，都能够让她对自己不满。可是，为什么作恶的人在源源不断地收获红利，她们却充满负罪感？

这就是 Me Too 格外重要的原因。

三

我说过，我比较麻木。采风回来之后，我把恶心的遭遇告诉了好几个同事朋友，笑骂一番，这件事我就放下了。但是，如果其他女性在碰到同样的事情的时候，她们因此而痛苦和焦虑，我也非常理解。我决不会取笑她们：“又不是什么大不了的，我都无所谓你们为什么会这么在乎？”

同理心太重要了。

现在又看到“女性如何保护自己”的指南。我觉得这是好意，有需要的可以学起来。这没问题。

但没人发现世界的规则已经扭曲了吗？女性的默认值，是可以给人随便摸的、随便侵犯的，只有你学会了各种技巧，证明了你的坚贞不屈，并且被社会颁发了一个看不见的“烈女证书”，你方才能在出事的时候，获得几句同情——注意，并不是保证你不出事。

受害者只要有一根头发是劈叉的，都不够完美。这种“烈女证书”的门槛极高呢。

这些年，我也默默地学会了不少这样的自保技巧，别说不去乱七八糟的饭局，简直有陌生、不熟的男性的场合都懒得参加了。

有不靠谱的人必须见，我必先拉着人作陪。

有车以后，鲜少一个人深夜走在马路上了，偶尔一两次，也是浑身僵硬，做好各种准备，随时可以脱下 10cm 的细高跟鞋攻击。

我有很多吊带裙、露脐装没有穿过，理论上我认可“我穿什么是我的自由”，但我仍然有所顾忌。

异性与我在微信上聊天，尤其是那些有知名度、有资本的异性，哪怕是赞美我的文章，我也很警惕，必然在第一时间表现出礼貌而公事公办的态度。当然就没有然后了。

……

这些年，我就是靠着这些凶悍、乏味、不解风情，一半的与世隔绝，不能去自己想去的地方，不能穿自己想穿的衣服，限制了自己的职业发展路径，也阻断了一些可能让我提升的合理路径；以减少性骚扰的风险。

可这是一个怎么样的世界！

所有的女性，包括那些敢于声称自己没有被性骚扰过的女性，她们为此付出了巨大的代价。

仔细一想，男性霸权的无意识，正和你我所知道的权力结构是何等相似：它既可能直接施行于你身上；也可能通过施压，让你无时无刻不得不保持恐惧，因为你不知道它何时会对你起作用，何时动用它的权力。

当这种男权得到社会的充分认可（比如，每个男性都是潜在强奸犯，哪个男性没有性骚扰过）的时候，人人自危的时候，那么，它就成了新的社会显规则，弥漫在空气当中了。

我们对“Me Too”的诉求特别简单：让所有人都知道性骚扰、性侵是错的，是要接受惩罚的；而且，还要让他们知道，所有人都已认同这一点了。

君子报仇，十年不晚。打你就打你，还要挑日子吗？

对林奕含来说，被性侵不该那么惨

> 我们什么时候才能明白，性犯罪者侵犯的是尊严，而不是“性”？强奸者的罪孽，并不在于“夺走”了“宝贵”的性，或者处女膜；而在于违背了受害人的意志，伤害了她的人格与自我。

*

2017年4月27日，年仅26岁的台湾女作家林奕含，用上吊的方式结束了自己的生命。

她去世前8天，曾接受过一个视频采访。如今翻看这个视频，可以看得出林奕含语气轻柔，很有倾诉欲，她几度哽咽，压抑着痛苦与纠结。

林奕含一直都非常优秀。她出身于台湾医学世家，家境很好，曾是台南女子中学唯一在大学学科能力测验中获得满分的学生，还曾获台湾数学科展第一名，被誉为天才少女。此外，她从小就很热爱文学，2017年2月出版了长篇小说《房思琪的初恋乐园》。关键是，这本书是因为她年少时曾被补习老师性侵，得了严重的抑郁症写下来的；由她父母证实，正是她本人的真实经历。

这本书我没有看到，不过，从视频中以及其他的信息补充，大概也可以知道其内容了。

其中的一段是：“那年的教师节思琪才 13 岁，这个世界和她原本认识的不一样。老师说爱我的方式是将 ×× 塞进我嘴里，老师说我是全世界最好的礼物，却残忍地折磨我的身体。他选择硬插进来，而我要为此道歉。”

强奸幼女，结果却是由幼女自身来承担。

因为被老师诱奸的经历，林奕含从高中就患有抑郁症，大学的时候也因为抑郁症几度休学，甚至产生幻觉和自残行为；她在儿时阴影的困扰里，越陷越深。

实际上，在这件事情当中，林奕含的父母是严重失职的。他们是知识分子，注重孩子的学习，林奕含也一直被称为漂亮满分宝贝，从小奖状就挂满了家里的墙；他们还把林奕含送到台湾“补习教育界的马英九”、年入千万、声名远扬的补习老师那里。结果，却是把女儿送进了狼窝。

后来，虽然女儿主动对妈妈说：“我们的家教好像什么都有，就是没有性教育。”妈妈诧异地看着她，回答：“什么性教育？性教育是给那些需要性的人。”并告诉女儿，“你要做个有自尊心的人”，这个意思就是“自尊心应该缝起她的嘴”“一个如此精致的小孩是不会说出去的，因为这太脏了”。

被性侵变成林奕含的错，父母冷漠以待。她的解决办法就是：催眠自己——我爱上了老师。事实却并非如此，她的字句中充满对此人的恐惧。

在一定程度上，我理解某些斯德哥尔摩症患者。有一些人，曾百般求助却无人伸出援手，甚至还有人要把他们继续往冰窖里推。他们只有自我欺骗、假装自己是自愿，才能找到活下去的勇气。

能杀人的，往往不是强奸这件事情本身，而是在受到侵害之后，这个世界对她的态度。在林奕含的书中，有 3 个女孩都曾受老师的诱奸或性侵，结果一位被男友嫌弃，一位尝试抵抗并面对社会，却落得被讪笑的下场；还有一位则是房思琪，被不堪与荒谬纠缠，最后终于精神崩溃。虽然这是小说，但现实当中，林奕含父母承认，她曾说过还有 3 位女孩遭到这位老师性侵，还被黑道胁迫拍裸照。这些都可以与现实对照。

这位现实中性侵的老师已被扒出来了。他会受到法律的严惩吗?不得而知了。

这里，社会应该得到很多教训，比如，父母应该多关心孩子；社会应该有更完善的性教育；应该有更多的方案来预防教师等职业对孩子的性侵害，等等。但我想说，林奕含之所以在心理上承受了重压，以至于多年都无法释怀，很重要的原因是，性侵、失贞这件事情被世人看得无比重要，让她背上了极为沉重的思想负担。

她的精神科医师曾几度更正过对她病情的诊断：从“你是经历过越战的人”，到“你是经历过集中营的人”，再到“你是经历过核爆的人”，把性侵害，说得极其严重。难怪，她在书中说，“人类历史上最大规模的屠杀，是房思琪式的强暴”。

旧文化强加在女性身上的枷锁，一个现代的心理医生，却又拿过来威胁自己的病人，告诉她：你太惨了，你是全人类最惨的，你的人生完蛋了。——哪怕在后面加上“我理解你”，也是对他人求生信念的一种摧残。这不是感同身受，这是加剧恐慌。

这一种论调，我们是不是很熟悉？受害女性被性侵，旁人便大惊小怪地说：“啊，她最珍贵的贞操被夺走了！”“啊，太惨了，这让她怎么活啊！”

中国儒家文化给女性的贞节赋予了至高无上的意义，甚至高于女性的生命本身。所以，才会有战乱纷起时怕女性被敌人“玷污”，逃命之前先把家里的女眷杀掉，觉得这样就是保护了女性的贞节。今天虽然没好意思赤裸裸地说“饿死事小、失节事大”，然而，却仍然视被性侵犯的女人“身子不完整了”“失去了最珍贵的东西”“经历了越战、集中营、核爆”……把不愉快的性侵经历，看得比天还大，极为恐怖；那失贞者，是不是除了一死，活着也没有什么价值了？

把女性的“性”的重要性，凌驾于女性本身之上，这种价值观早就该埋进土里了。这是社会文化强加给女人的价值观。不管是处女膜，还是性本身，没有什么“珍贵”可言。受害者不仅没有错，也并没有失去什么。她为什么不能好好活着？

我们什么时候才能明白，性犯罪者侵犯的是尊严，而不是“性”？强奸者的罪孽，并不在于“夺走”了“宝贵”的性，或者处女膜；而在于违背了受害人的意志，伤害了她的人格与自我。当然，也可能还有身体上的伤痕。

只要强奸者被绳之以法，便是对受害人最好的告慰，让她明白，违背她的意愿的行为都会受到法律的严惩，她的尊严可以得到维护。

我想起一个可爱的小视频：一位六七岁的外国小女孩，第一次穿上了假肢（右腿）走到她的朋友当中，小朋友们看着她的假肢，抱着她笑，大家一起跑，一起学她走路，个个都很替她开心。我们可以设想，假如每个人都苦大仇深地同情她：你的人生太不幸了，你只能靠假腿来走路了，你没有我们灵活了，你太悲摧了……会有什么结果?

最大的尊重，就是把他当成与我们同样的人。给一个人尊严，并不是要去同情他怜悯他，而是在尽可能地给他帮助和便利之后，该伸张的正义伸张之后，让他知道，每个人都是平等的，你和我们并没有什么不同。

但这种最基本的自觉，在中国的文化环境当中却很难做到。性侵是犯罪，尤其是性侵未成年人，是严重犯罪，不能姑息。但被侵犯者，她没有过错，也不必觉得那是天大的事。受害者不会被人用异样眼光指指点点；伤害是可以被弥补的，生活是可以继续的。

而不像现在：犯罪者觉得没有什么大不了的，反正，注重“贞操”的社会里没有人敢站出来指证他；而受害者则被打入十八层地狱，“失去最珍贵的东西”，永世不得翻身。

女性安全技巧，不该是她们的囚笼

> 如果是女性，她们往往想提请社会注意，她和受害人不是同一类人，那类女人没有遵守女人的禁区、罪有应得，“你们去强奸她吧，不要强奸我”。

*

2015 年陕西宝鸡夜跑女教师遇害一案，犯罪嫌疑人已于 10 月 26 日凌晨被抓获，此人系河南流窜至宝鸡的拾破烂男子。事情还得回溯到 10 月 14 日晚：陕西一位高校的舞蹈专业女教师吕某，在独自夜跑时失联，引起了很大反响，微博上发起了寻人启事。20 日下午，当地民众在渭河公园发现一具女尸，经证实，该女尸系失联的吕某。接着，陕西当地警方发布悬赏通告，基本锁定了嫌疑人；到了 26 日，嫌疑人已被警方刑拘。

凶手既已落网，唯愿罪犯得到公正的判决，才能告慰这位无辜而美丽的姑娘，希望她一路走好。

不出意料，每一次女孩被强暴被伤害甚至被杀死，讨论的焦点都是这个女孩是否穿得太少、是否晚上不该出门、是否自我保护意识不够强。每次看到这样的讨论，我都在怀疑：我们的舆论，是不是正在塑造一个男人都是潜在强奸罪犯、每一个女人只要落单了就会被强奸的社会？是不是正在营造一个为性犯罪者脱罪、让受害人自我羞辱的地狱？

我不会泛泛地说："只要提醒女性小心，就是歧视。"有夜跑俱乐部给夜跑者的一些提醒，比如选择什么样的跑步路线、穿带有荧光色的衣物腕带、注意交通灯、考虑影子给跑步带来的错觉影响等，这种提醒，是基于技术考虑的，不含价值判断；我认为，这种提醒就是善意的、应该提倡的。

同理，一些教女性如何判断约会中可能的危险，如夜店或咖啡馆里不要喝打开过盖子的啤酒或饮料，这样的技术指南，是很有价值的。

但大多数不假思索地说"女性应该小心"这样的言论，却是包含了这样一种"有罪推定"：身为女性，就应当时时防备着自己被强奸的可能。

在这个案例中，这位姑娘遇害的渭河公园，是西北地区最大的开放式公园，并不是所谓的偏僻地区；时间是晚上八点多，活动人群并不少。如果在这样的地方，女性都存在着如此大的风险，那是不是意味着只要是女性，能出来活动的时间和空间都非常小？

我们应该知道，这个世界上有些民族，女性被要求从头到脚都裹着厚重的围巾，甚至不能露出头发不能露出脸，最初的理由都是为了保护她们，避免被强奸；另一些对年幼的女童实行割礼，并对她们进行烫乳、让乳房溃烂看不出性特征的民族，理由也是保护她们少受性侵害。幸好，现在在大多数正常国家，女性不需要用这些方式来自我保护，可以按自己的喜好来穿衣打扮，正常发育。

但现在看形势，舆论又开始要求我们的女性尽量少出门，不能穿得少，减少跟异性说话，避免跟异性打交道了——否则就很有可能被强奸哦！而且大家会鄙视你哦！

事实上，在强奸案当中，发生在熟人之间的强奸，比陌生罪犯强奸的比例大多了；西方的社会学家们也给出了大数据，证明在强奸受害者中，那些穿着保守、胆小而低调的女性，比喜欢穿着性感暴露、看起来泼辣大胆的女性比例明显要高，因为她们看起来更容易得手——这些事实，充分说明了，所谓的“女性要自重才能不被强奸”是一个彻头彻尾的伪命题。

要知道，那些乡村中被老师或老头儿们性侵的小学生，还被她们的邻居们骂作“骚货”呢；指责受害者的那些人，你们跟这些邻居有区别吗？

荡妇羞辱，不是针对“荡妇”的，它针对的是所有女性。它意味着，只要你受害，你就会被当成荡妇，被加倍羞辱。在这种舆论背景之下，真正的性罪犯能被揭露出来的比例，是相当低的，许多女性受害了只能忍气吞声。

这相当于给了性犯罪者一个无比美妙的犯罪天堂；那些女性不敢走的地方，那些女性不敢打扮的地方，都腾出来了，让渡给了性罪犯。这就是我们想要的安全吗？

我很理解那些认为受害人不够自爱的口炮党们。如果是男性，他们往往认为男性本来就具有强烈的侵入性，女性是他们的性安慰品；虽然他们自身不一定动用这种权力，但他们保留这种权力。

如果是女性，她们往往是想提请社会注意，她和受害人不是同一类人，那类女人没有遵守女人的禁区、罪有应得，“你们去强奸她吧，不要强奸我”。

虽然，我也赞同女性多掌握一些具体的安全技巧，包括健身和学跆拳道等，还可以提高自己的生活质量；但我认为，这些安全技巧是用来拓宽她们的生活空间，增加自己的自由度，可以上天入海的，而绝不是缩小她们的行动空间，变成新的囚笼。

正像有些评论所说的：“我花了 20 年教女儿如何保护自己，你却不能教自己的儿子不去犯罪。”诚然，这个社会无法保证所有人的安全，但有罪案发生的时候，少一点辱骂受害者，少一点同情罪犯，会不会正常一点？

婚闹都怪在五千年的性压抑上面吗？

> 这个社会的整体观念，还是施害者可怜，受害者有过；或者被性侵（性骚扰）了就是女人的错，你的一辈子就完了；但你不能责怪和追究施害者，因为你又没有少一块肉啊，人家只是强奸你而已……

*

2017 年 6 月，一条“疑似婚闹　伴娘被袭胸猥亵”的视频在网上热传。很快，西安警方表示，涉嫌“猥亵”伴娘的两个男子被查获，正依法妥善处理。

其实，这种形式的“婚闹”，就是刑事罪行，没啥好洗地的。这里我忍不住再一次普法，《刑法》第二百三十七条规定：“以暴力、胁迫或者其他方法强制猥亵妇女或者侮辱妇女的，处五年以下有期徒刑或者拘役。聚众或者在公共场所当众犯前款罪的，处五年以上有期徒刑。”一旦猥亵行为具有“强制”的特点，使妇女不能反抗或不敢反抗，就必然违反《刑法》第二百三十七条的规定，涉嫌强制猥亵妇女罪。

在这个视频片段中，两个成年男子对伴娘进行搂抱、袭胸、脱衣、掀开裙子等猥亵行为，明显是利用伴娘孤立无援进行的胁迫。且伴娘不停大声叫喊，甚至咬其中一名男子手臂，明显就是反抗。

不过，不出意料地，事后，伴娘以和两个男子认识为由，不打算追究两人责任。但“强制猥亵妇女罪”属于公诉案件，必须由检察机关依法代表国家提起公诉，伴娘不追究对方刑事责任，并不意味着检察机关不追究，受害者的谅解与犯罪构成无关。

受害的伴娘当时挣扎反抗得这么厉害，事后也只能表示“不去追究”。我只能感慨，某些传统观念太强大了。她要是揪着不放，不仅是犯罪者家属，连新人家族、当地百姓，恐怕都会唾弃她一家。不是看到有消息称新娘要求网友删帖，媒体也说“伴娘和两位当事人都受到巨大的心理压力”吗？

问题是，是什么给了受害者巨大的心理压力？犯罪嫌疑人有“巨大的心理压力”，恐怕不是因为犯了罪，而是被曝光了吧？

然而，这种情况很常见。

首先是因为没有把女人当平等的人的意识。在女性要贯彻实行自己的意志去结交男友时，舆论会指责女性不够检点，会认为女性的贞洁是极其重要的，“失贞”就是丢人、不要脸、不自重；但一旦有违背了女性意志的性骚扰和性侵的时候，他们又会认为“这么较真干吗，你又没有少一块肉”。这时候，咋又变成女人的贞洁不重要了？

你也可以说这种观念是双标，但深层挖掘一下，其实也是有标准的，那就是：符合女人意愿的都是错的，符合男人意愿的都是对的。传统文化当中，人们在乎的不是女人的处女膜本身（毕竟这种东西毫无用处，多数情况下男人对此没有感觉），在乎的是通过这种观念对女性必须造成的恐惧与震慑——当然，女人的贞节还有“男性财产”的身份，当某个男性伤害到了另一个男性的“财产权”的时候，后者也会跳出来反对。但整体逻辑上，是统一的。

这种观念在意的是男性是否仍能主导女性的身体使用权。

“闹洞房”，是当代社会在民间自发形成的，不中不西不洋不土地嫁接出来的一种产物。古代社会没有伴娘；而西方，并没有“闹洞房”“耍伴娘”这种习俗。

“闹洞房”一般有三种方式：

第一种，伴娘团只为难新郎或伴郎，要他们做俯卧撑、表演、做游戏，一路讨要红包。这一种稍好。不过，实际操作当中也少不了因为讨要红包或玩得太过，而最终翻脸的情况。

第二种，是让新郎与新娘当众表演各种下流动作和猥亵行为，模拟性行为。我就曾在某饭店大堂看到过，简直想吐。

第三种，就是非礼伴娘了。

几年前，山东一位 16 岁伴娘被十几名男子扒光衣服乱摸，后来当事人也因此坐牢。这并不是孤例，网上经常出现的一些婚闹的照片或视频，就是一群男人把伴娘按着中间摸，任中间的姑娘百般呼救。你别说这是自愿，就算是妓女，谁愿意被这样公开羞辱？

讲真，这种显而易见的刑事犯罪，能被关注、能被绳之以法的，真是万中无一。更为普遍的是，“闹新房”中的很多丑态，因为是一种默许的“性狂欢”，不管是新人，还是伴娘伴郎及参与者，都不好意思翻脸，民俗中有“新婚三天无大小”的说法，对“闹洞房”持容忍态度。

很多论者谈道，这是一个“人情社会”，让当事受害者不敢出头。但我要强调的是，这是“男权宗族的人情社会”，而不是共同的“人情社会”，否则，你就无法解释为什么男人对女嘉宾上下其手的时候，不介意伤害她们的“人情”，对相识的伴娘实施猥亵罪行并欢乐地拍视频的时候，不担心伤害她们的“人情”。——因为，男性是更高等级的性别。要伸张正义，让犯罪者坐牢，你就是害了人家男伢子一家，破坏人家的一家，你就是害人精。女方一家人在当地还要不要混了？

连在包贝尔包文婧婚礼上被“婚闹”、被霸凌的柳岩，现在都仍然被包文婧一家记恨。

中国的法律，在各种各样的性侵、性骚扰、猥亵、侮辱妇女等与性和性别有关的犯罪面前，经常是无能为力的。一方面，确实是执法者无能、无作为，另一方面，我也想为执法者说一句公道话：法律是社会价值观的总体的提炼，如果这个社会的整体观念，还是施害者可怜，受害者有过；或者被性侵（性骚扰）了就是女人的错，你的一辈子就完了，但你不能责怪和追究施害者，因为你又没有少一块肉啊，人家只是强奸你而已……永远是受害人被迫谅解、被迫以不追究换得平静生活的话，法律与执法，也很难超越这种价值认同。

我不太想用“传统文化”这样的大词。但不平等的社会当中孕育的文化，必然也是扭曲的、自相矛盾的。贞节观念最严格的要数明朝了，一部二十四史，《宋史》里面记载烈女不过 55 人，《元史》才几十年就达 187 人，修《明史》时所发现的节烈传记竟不下万人了。然而，明朝也是《金瓶梅》以及多如牛毛的狎邪小说诞生的年代，是市民文化最蓬勃、娼妓业繁荣的时代。即便如此，表面的严苛与体面，也是必须一丝不苟的。

李安的《喜宴》里说了，婚礼上的婚闹，“是中国人的五千年的性压抑的爆发”。即是一种默许的性狂欢，一种非正常的发泄。

然而，最大的问题还不在于“性狂欢”，那是彼此自愿、愉快的；好不好，另说。我们指的这种“婚闹”，一定是有违当事人意愿的。在一些传统观念盛行的地区（也许不一定很贫穷），婚礼时猥亵伴娘，要求新人当众模拟性交，或是新婚之夜一群人躲在新人的床底下窗台下“听床”……没有哪一件，是能让当事人身心愉快的。被人当作“活春宫”来观摩，女性被按在床上或地上、被一群不熟的男人摸——将心比心，你会高兴？你会自愿？

甚至可以这么说，年轻男子在别人的新婚典礼上被允许摸过伴娘了，那么，等到他结婚的时候，他也只能允许其他年轻小伙子摸伴娘；于是，这就流转成了一种默认的习俗——但是，那些女孩的意愿呢？男人有什么权力让渡另一个与你不熟的女孩的性权利给其他人？

有报道称，河南一些地方发展出了所谓的“闹伴娘产业链”，专门雇用所谓“放得开”的女孩去当伴娘，再给予她们一定的报酬，这其实距离色情交易只有一步之遥了。另外，从一些新闻里可以看到，那些被猥亵并报警的，往往是那些涉世未深的、还没明白在那个地方“伴娘”是怎么回事就被人连蒙带哄骗过去的年轻女孩。也别怪她们“太傻了”，如果不是看新闻，我怎么能想象人性之恶已至于此！你看尽了最丑恶的一面，甚至本身就是丑恶的一环，人家未必知道。

我非常担心，这么严重的刑事犯罪，可能会被轻轻放过了，再一次地大事化小、小事化无。因为中国还有另一种奇怪的传统——“法不责众”。当犯罪的人很多很普遍时，多严重的罪行都能被消解。

我希望我猜错了。

为什么贾平凹希望一个拐卖妇女的农村永续存在

> 穷富之间人格是平等的，尊严是平等的，机会（包括上升通道）也应该是平等的。但是，保证人人发一个妻子，则绝不在基本人权之列。

*

贾平凹曾是我很欣赏的一位仍在积极创作的当代作家，他至少有两点令人佩服：一是，他早已功成名就，而且非常富有，但仍然保持了两年一部长篇小说的速度在认真写作。二是，他一直在关注各种社会热点，不断地挑战自己，也不断调整写作风格，这对于著名作家来说是有风险的。

然而，也正是因为写得多，写的题材宽泛，切入的又总是非常复杂而难以解决的社会问题，这位著名作家的长篇小说中，不可避免地暴露出某种局限性，特别是长篇小说《极花》。

《极花》讲述了一件发生在中国西北的妇女拐卖事件，小说的主人公胡蝶无意间落入人贩子手中，几经周折被卖到西北的一个小山村，她在那里经受了种种折磨后，被公安部门营救了。然而胡蝶的命运却因此而彻底改变，她变得性格孤僻，少言寡语，她经受着周围人的冷嘲热讽、内心的苦楚与折磨，最终她选择继续回到被拐卖的地方……

小说不长，十五万字左右，有着我们从各种拐卖事件的新闻中所看到的标准配置：胡蝶出生在一个重男轻女的家庭里，辍学让弟弟继续读书。她出来打工，被拐骗到穷困农村，被关在窑里反复殴打，被人用铁链锁起来，一群男人合伙按住她让买她的男人黑亮强奸她，她激烈反抗。接着，胡蝶反复找机会逃走，都未能成功。最终，黑亮还是把她强奸了，过程中鲜血染红了整个炕，她几天根本无法下地。接着胡蝶怀孕，试图堕胎未得，最终生下了个儿子……

而村子里的其他人，也仍然是常见的情形：妇女要么是拐卖来的，要么就是以妓女从良或流亡等形式来到这个村的；长年的各种殴打简直是家常便饭；有的被拐姑娘反复逃跑，甚至还为逃跑付出了生命代价。这个村里的人，尤其是男人，包括村长，都自动充当了这些妇女的狱警；必要时，他们会一窝蜂地上，绑住这些买来的女人协助强奸，顺便摸两把。

所有人，不管是害人者，还是被害者，都认为这一切都是女人应得的。

当然，最后胡蝶逃走后又从世俗社会回来了，因为她在外面世界里受到的二次伤害，不比她在这个拐卖她的村落里少多少。——这么看来，这和现实世界当中的郜艳敏是类似的。郜艳敏 1994 年被拐卖至太行深处的河北某个村，之后在村里当上代课教师，2006 年成为“感动河北”十大年度人物，她的事迹被改编成电影《嫁给大山的女人》上映。由于种种原因和社会压力，郜艳敏最后没有离开这个拐卖她的村庄。她不离开，是因为整个社会不仅一直在纵容着各种拐卖，而且厌恶她揭穿了真相，恨她揭开了脓疱。

作为长篇小说，这个题材，既好写，又不好写。好写，在于这种如地狱一样肮脏、腐烂、灭绝人性的故事，简单地铺陈下来，便足以惊心动魄，足以抵达人类所能想象的罪恶的边界；不好写，则是因为我们已从近些年来的新闻报道中熟知了这一类悲惨的际遇。一个作家，是要具有超越性的，他既要超越普通读者的想象力，又要超越他们的认识和思想。这并不容易。光是呈现恶还是不够的，他必须更深层地思考恶从哪里来，将到哪里去。可惜，这一点《极花》没有做到。

我知道有一些读者在看到贾平凹的采访后，看到他对女性的不尊重，很愤怒。这里先要澄清一点，艺术作品的价值观和现实世界的伦理，并不是完全等同的。并不是说对坏人有所同情，就一定代表作家的三观不正。陀思妥耶夫斯基《罪与罚》的主角是穷大学生拉斯柯尔尼科夫，他杀死放高利贷的老太婆阿廖娜和她无辜的妹妹丽扎韦塔，作者对他亦有同情；但这不能推导出作者支持谋杀；列夫·托尔斯泰的《安娜·卡列尼娜》把一个出轨的女人写得百转千回，饱含深情，也不能说他赞同出轨。

中国的文学作品也如是，拿描写丑恶世界最拿手的《金瓶梅》来说，从西门庆、潘金莲、李瓶儿到吴月娘、孟玉楼、庞春梅，以及各位亲友仆人，各种各样的淫荡贪婪、轻薄下流，作者写来却觉得无限悲凉。后人亦用“读《金瓶梅》生怜悯心者，菩萨也；生畏惧心者，君子也……”来表达对这部巨著的尊重。甚至通俗的金庸小说中，各式各样的大恶人，哪怕杀人越货，性格也是复杂的、可堪同情的。

这些文学常识确实很简单。文学作品不是生活，不是不可以同情恶人，就算是十恶不赦，你也可以创作出他让人理解的理由、心痛的理由，体谅他为恶之不得不然，把人性深处的苦难和复杂揭示得更深刻。

但不那么成功的艺术作品中，则会把这种超越性的悲悯，写成一种对罪恶的洗白。

在《极花》当中，黑亮及其整个村子犯下的这些恶行，贾平凹明确地给出了理由：“他们依赖着土地能解决着温饱，却再也无法娶妻生子。”因为没老婆，所以，整个村子的人对女性做出拐卖、绑架、虐待、强奸、轮奸、打断腿等行为，并且为了防止她们逃跑，在心灵上也竭力摧残她们。显然，这个理由，用来洗白这些恶，分量远远不够。

遗憾的是，贾平凹认为，这个村子的男人们是值得同情的。他接受了媒体的采访，对话是这样的：

媒体：你和被拐卖的女人接触过吗？

贾平凹：这个用不着我和这个女人接触，别人和我讲过这个女孩的情况，我比较熟悉。当事人带有自己的义愤，作为局外人，可能能更客观一些。你不知道批判谁。谁都不对。好像谁都没有更多责任。这个胡蝶，你不需要怪她吗？你为什么这么容易上当受骗……

媒体：遭遇被拐卖，还要怪女性太善良？

贾平凹：我是说，要有防范能力，不为了金钱相信别人，就可能不会有这样的遭遇。这个人贩子，黑亮这个人物，从法律角度是不对的，但是如果他不买媳妇，就永远没有媳妇，如果这个村子永远不买媳妇，这个村子就消亡了。

（见《北京青年报》专访《贾平凹：我想写最偏远的农村与最隐秘的心态》）

这种想法在他的作品中贯彻出来了。他在文中大量写了“那么多血，杀人啊”（黑亮第一次强奸胡蝶时，旁观的男人也吓坏了），“这个耳光非常响亮，我的嘴角出了血，同时肚子就刀绞一般地疼，在炕上打滚，两天不吃不喝”（黑亮第一次打胡蝶），这样的细节随处可见。但作品中得出的结论是“你不知道批判谁”“谁都不对”“好像谁都没有更多责任”“这个胡蝶，你不需要怪她吗”等。这一切对妇女犯下的罪行，最高的目的，不过是不能没有媳妇。

好的作品，尤其是写出人性深处最阴暗的作品，必须做到：理解之同情。在这一点上，《极花》即便以胡蝶为视角看待世界，让她不断地自言自语，写出了她遭遇的各种伤害和苦难，实际上也缺乏对胡蝶的理解与同情——不能理解女人为什么就不能为了某个落后村庄的不绝种勇于献身。“到头来一想，折腾和不折腾一样的，睡在哪里都睡在夜里。”更不能理解，为什么一个村子的男人都没有女人愿意嫁过来，“窝在农村的那些男人，如果说他们是卑微的生命，可往往生命越是卑微的，如兔子、老鼠、苍蝇、蚊子，越是大量地繁殖啊”。

对于黑亮，他尽量写得很温柔了，可惜却没办法掩饰黑亮的残忍、无耻又无能，就算想为他辩解，整本书也找不到他的一丝优点。这其实也是对“恶”的不理解。

为什么没有女人会嫁进这样的村子，为什么这样的村子灭绝了就对了，大家早就有了理由和答案：首先，这些村子极端重男轻女，女婴假如二十年前有的话，也可能已经被杀死了；其次，这些村庄里的男人非常穷，非常懒，生活水平极低，黑亮家以前就靠他娘辛苦干活支撑，娘一死，有两个壮年男子的家庭马上穷下来了。当然，最重要的是，女人活在这里连牲口都不如，与地狱无异。我不知道贾平凹为什么想保留这样的村庄。

其实，我一向对中国的穷人状况有深深的体谅，也写过多篇文章谈到对阶级固化的担忧，并反对对穷人污名化。但以上种种，是建立在基本人权的基础上：穷富之间人格是平等的，尊严是平等的，机会（包括上升通道）也应该是平等的。但是，保证人人发一个妻子，则绝不在基本人权之列。

因为你是为了享受交配快乐，而剥夺了别人的人权，是对女性的极大犯罪。希望这点最底线的共识能够建立，也希望女人除了繁殖和交配功能之外，更重要的是被当作人看待。

从 20 世纪 80 年代开始，贾平凹就是文坛“陕军”的领军人物，无论在市场认知上，还是官方认可上，都是叱咤风云的；三十多年过去了，他仍然笔耕不辍，是整整一个时代的重要代表作家。他的长篇小说，我大部分都读过，但越来越难以认可他对乡村的眷恋和固执的情怀。某种意义上，它们是一种自相矛盾而荒诞的行为。

贾平凹并非不知道乡村是何等凋敝，《秦腔》《带灯》《极花》等多部小说，写尽了农村（村镇）生活之苦，人们素质之低下，道德之败坏，乡村秩序之混乱。按理来说，这样一个对农村有着深刻了解的作家，又长年生活在大城市，属于这个社会上“看不见的顶层”，有悲悯心的话，应该希望农村的苦难尽早结束，那些生活在那里的人早点离开乡村来到城市，过上相对好一点的生活。

因为在城市，即便是农民工，还是比乡下要富裕一点的。年轻人即便找不到好工作，“但他们不回老家去，宁愿一天三顿吃泡面也不愿再回去，从离开老家的那天起就决定永远不回去了。其实，在西安待过一年两年也回不去了，尤其是那些女的”。（贾平凹《极花》

后记）为什么？因为比起乡村，经济条件好一点还在其次，更重要的是，在这里，人至少活得像个人，没有那么多等级，没有那么落后、愚昧和残忍，更不必说生物链最底端的女人了。在乡下，女人再有出息，连上桌吃饭都不让，这还被视为有规矩。这些从农村出来的女人，只要做过了正常人，谁愿意回乡当“非人”？

这些，贾平凹不是不知道，但他仍然特别渴望维护农村的永续存在。他在《极花》出版接受采访时说：“农村的衰败已经很久了。我们没有了农村，我们失去了故乡，中国离开乡下，中国将会发生什么，我不知道，而现在我心里在痛。”

或许，这种文学家的痛，与底层的痛是不一样的。大城市是一个相对平等的地方，现代社会中时不时涌现出老一辈作家们看不懂、看不惯的社会风潮，大量新鲜事物和观念是他根本无法接受的。比如男女平等、不婚不育、性取向多元化，还有更广阔意义上的人权、自由、法制，随便都能让他气得一个跟斗。而在乡村，他们一直都是这种秩序中的最高等级，他们需要保留一些贫穷落后的地方和文化，以供缅怀和祭奠。

然而，现存的中国农村也已不是那个农村了。富裕的农村，无一不是因为能与城市充分媾和，并有大量村民打工积累下财富，也开始不买传统秩序、乡规民约的账了，这并不符合他们水墨画般的幻想，让他们痛心疾首、叹人心不古；而贫困的农村，倒是落后得颇得神韵，各种乡规村约也还能一级一级压死人，合乎口味，可惜又没有女人愿意嫁进来，弄得不得不靠拐卖强奸来苟延残喘。让这样的村落自然消失，让更多的人走出农村，过上稍好一点的日子，是大势所趋。

中国根本不存在那种淳朴、美好的传统乡村，从来没有过；我们的史学家、文学家们顶多也只写到富豪乡绅这一级别，巨大的贫苦被遮蔽了。以前不知道，也就罢了；在网络这么发达的今天，看到了真相，还有什么可缅怀的?

女性受害人到底要多完美，才能不再被苛责

> 文明社会的一个特征，就是人们有“共情能力”。但是为什么，各种恶性事件发生时，公众舆论都有的“共情能力”，却是与凶手、与强奸犯、与恶性犯罪者“共情”？

*

出生于1987年的上海人朱晓东，将自己的妻子杨俪萍掐死并藏尸于冰柜105天。《法制晚报》采访了凶手的母亲朱妈妈，只是，她的种种回应让大家更惊呆了。

对于这个提前几天买好冰柜、提前骗老婆辞职、杀妻藏尸之后去旅游，伪造妻子的信息打扰妻子亲友、刷爆亡妻的信用卡去嫖娼的儿子，朱妈妈一个劲儿地说：他只是个三十岁的小孩子，也是乖宝宝，胆子很小，话很少，平时很体贴。

她甚至讨伐起这个看似与她关系还可以的儿媳妇：

“杨俪萍不做家务，衣服都是我儿子给洗。”

“我们家经济条件差。结婚我让她买件新衣服，她就是不听。穿着旧衣服就结婚了。让她拍婚纱照也不去。不是我们不愿意办大型婚礼，是他们不愿意。……我也不知道她是怎么想的，很多事情我

也感觉很奇怪。”

“不要说我儿子每个月只有 4000 块工资，她有 1 万多，不要说我儿子用她的钱。他们已经结婚了，杨俪萍也不是小孩子，这也是她自己认可的。”

“说我儿子骗她辞职，但她也不是小孩子了。而且周围那么多朋友和同事，难道没人劝她吗？这说明她的脾气也很固执……”

一个体谅男方家庭贫困、不要彩礼不要婚礼穿着旧衣服结婚的好女孩形象跃然纸上；但在朱妈妈的嘴里就变成了非正常人，就变成“不是小孩子了”，她该为她自己负责，她被杀是活该：我儿子虽然跟她同龄，虽然敢杀人藏尸，但是胆子小，是乖宝宝啊。

结果，受害人杨俪萍的父母也发表声明，指出朱妈妈说的一些细节是造谣。

凶犯妈妈为凶犯开脱，可以理解；但媒体被采访对象所主导，没有甄别能力，导致这个访谈感情上完全倾向于嫌犯，就不应该了。

这一次，之所以大众没有被真正误导，而是普遍表示出对凶手的愤怒，正是因为被杀害的杨俪萍，是一个完美受害者：不仅没有被挖掘到有任何黑料；而且还倒贴、不拜金、不嫌贫爱富。凶手的手段又太过于缜密、太过于完整、太过于变态，实在没法洗白。

并不是所有受害人都能得到大众的同情；相反，这是只有少数受害人才能“享受”到的待遇。只要不是圣女或贞女、不高尚到无可挑剔，大家宁愿欺负死人不会说话，再泼一遍脏水。

澎湃新闻曾报道：2017 年初，杭州一个 27 岁的男子薛某举起一名体格娇小的女孩姗姗，直接从阳台扔了下去，女孩当场死亡。对面大楼的监控拍下了残忍的一幕。

但是，在各大社交平台上，人们一边倒地都在骂这个女生。为什么？因为澎湃新闻按杀人犯供认的说法称，海归男子薛某单恋女孩 8 年遭拒绝，其间曾送过名牌包、名牌项链等礼物及红包，共花费了 4 万多元，并同租一室。绝大部分人都在说：谁叫你作呢？谁叫你花人家的钱呢？有的直接就说“活该”二字了。

事实上呢？该媒体根本没有采访受害人家属，单方面完全采信杀人疑犯的话。红星新闻采访了更多周边相关人员，有更多细节披露，证实了薛某在很多细节上撒谎，他根本没有追求姗姗八年，而且，在美国强行给姗姗邮寄礼物、姗姗要退回他不让；微信截图表明，他发的大红包都被姗姗第一时间退回了。——姗姗从来没有接受过他，从来没有跟他交往过。

这些错误信息的流传，是媒体在报道时感情上倾向于杀人犯、误导公众的结果。“8 年花了人家 4 万”，字字虚假，字字诛心。

然而，不能不说，这样的报道，正是现在的大众所乐于看到的：所有的罪案，都是受害者做得不对引起的。

所以，一个符合公众心理预期，并且适合于情感宣泄的刑事报道，才会有这么大反响啊。

如果不看到那几万条评论都在骂这个受害女生，我确实很难想象，为什么大家都会同情强大的故意谋杀犯？

我认为，文明社会的一个特征，就是人们有“共情能力”，这是一种美好的品质。但是为什么，不断发生的各种恶性事件，公众舆论都很有“共情能力”，但是都是与凶手、与强奸犯、与恶性犯罪者“共情”？

大家都在苛求受害者完美。只要你有一丝不完美，你的不幸就是活该。如果恰好你足够完美，挑不出错处，没关系，还可以捏造啊。比如那个被人从 19 楼抱起扔下去的女孩。

一位女孩发现刚刚同居的男友性格暴虐、砸坏了家，她便提出分手，结果被男友抱至四楼平台边缘，男友要把她扔下去。幸而在生死关头，这“男友”被女孩的同事们劝阻了。而这杀人犯罪中止，最后仅仅行政拘留 5 天。问题是，评论里还有人责备她：谁叫你这么快跟人同居？谁叫你贪图健身教练的身材和美色？

甚至，2016 年在颐和酒店差点儿被掳走的女性，视频记录得清清楚楚，她穿着严谨，出现的时间地点都属于正常，其反应敏捷而不屈从，报警及后续面对舆论时有理有力有节，简直就是难得的“完美受害人”了。然而，正是因为她的完美，又被攻击了：这是假的、事先安排的，女人怎么可能这么有能力、这么冷静？

有人总结了历次事件当中的女性受害时的舆论反应，确实很微妙：被强奸、没反抗——你为什么不反抗？反抗了不就没事了？你是半推半就的吧？真贱。反抗了、被杀——你为什么反抗？不反抗不就没事了？你这样是激怒对方。真蠢。

这个逻辑完美地完成了闭环。

在杨俪萍事件中，舆论更多地站在受害人这边，并不是因为上述规律失效了。说白了，就是其他不愿顺从追求，或者想分手、被强暴的女性，都是不顺从男性秩序的，不仅要伤害她，还要进一步污名化；绝对顺从男性秩序的女性，遇害了，多多少少还是要为她说点儿好话的，才能继续。

这种黑白颠倒的心态太值得玩味了。

趋利避害，本是人之常情。同情幼小，恐惧暴力，也是人性之本能。基本人性推导出来的结果，本来应该是站在受害者一方，要求对暴力者施以足够的惩罚，才能保障自己的安全。

然而，在中国式的逻辑推导之下，则完全相反：站在施暴者的一方，谴责受害者不完美，怪她们刺激了施暴者杀人强奸。他们还振振有词：反正骂坏人不能令坏人变好，你自己为什么不能做完美一点、不被坏人害呢?

你被害，是因为你引起了麻烦，你让我们发现现实很不安全，让人焦虑。你真是很让人讨厌耶。

有意识地站在强者一方，与强者结成同盟，与受害者划清界限。这种表现方式，最典型的就是在那个女生被扔下 19 楼杀死的新闻之下，有很多女性网友圈了自己男友来看，然后谴责一番这位女性收礼物、活该——“我可不拜金的哟，么么哒”。这是把辱骂受害者，当作取悦潜在暴力者的投名状吗?

真以为谴责了受害人，就可以显示你洗去了“受害人”的特征吗？这个“投名状”就能送达潜在的犯罪者手中，就可以避免受害吗？很荒唐。杀人犯杀人之前，可不会先上网查查你是否给骂受害者的微博点过赞，然后放过你的。

不谈人性，只从技术上来说，受害人的行为与犯罪的发生没有关系。因为拒绝求爱而被泼浓硫酸、被杀，难道这样的新闻还少吗？正常人的接受恋爱与拒绝求爱，甚至收受礼物，都绝不会导致杀人、刺激杀人（正常人再“渣”，也就是讨回礼物、斤斤计较而已）。杀人，仅仅是因为他处心积虑做好谋杀准备而已，被害人怎么做，都不会改变最终结果。哪怕被追求者与之结婚，也会死在他手上。

犯罪分子并不会事先审查你的行为完不完美。如今的谴责受害人，隐然是把犯罪分子当成了道德审查官，以为他们是在替天行道、除掉那些行为不够检点的女人。

他们之所以犯罪，是因为他们想犯罪，而不是因为你的行为错了，上帝派他来教训你。难道还要给犯罪者戴小红花吗?

现在的网络舆论，真实地反映了许多人平时没有机会表达的内心活动。一出凶案，大家就在嚷嚷“等反转”。什么是等反转呢？就是看看能不能扒出受害人身上的污点，实在没有，还能编出来，以示自己的冷静和英明睿智。

这让我想起鲁迅的《药》，描述了一群等待看杀头的人们："只见一堆人的后背，颈项都伸的很长，仿佛许多鸭，被无形的手捏住了的，向上提着。"

这样的人，再身强力壮有什么用？这样的社会，经济再发达又能如何？

女孩有没有可能避开追求者带来的无妄之灾？

> 拿着显微镜去找受害者的过错，拿着放大镜去找杀人犯的可同情之处。

*

2017 年 9 月 18 日，广西柳州一小区门口，监控画面显示，女教师走在路上，后方男人突然蹿上去，用疑似“射钉枪”一枪打到头部，女教师当即倒地不起，两个小学生目睹了事发过程。警方经过侦查，锁定覃某有重大作案嫌疑，悬赏 3 万元缉凶。19 日 18 时 20 分许，柳州警方在侦查中发现一具男子的尸体，疑似犯罪嫌疑人自杀身亡。因为有目击者、有监控，探明事情的真相并不难。

这位年轻女教师容貌非常美丽；只可惜，大家眼看着美好的东西就这样破碎了。而那位嫌犯，被发现时身上已落满了苍蝇，狰狞。

事发之后，不出意外地，新一轮对受害女生小莫泼污水的行动又开始了。有人说是疑凶曾帮小莫买过房子，房子还写小莫的名字；有人说小莫花了该疑凶不少钱，所以被杀活该；有人说小莫是在网吧认识的疑凶，太随便太放浪了……

一位名为 @1aNaan 的网友是受害者小莫的好友，她发表微博，非常气愤地辟谣：

一、小莫与疑凶在一起一个月左右，只出去两三次吃饭打游戏（不是逛高档商场），性格不合要分手。但疑凶在楼下蹲守着小莫，小莫吓得找警局朋友护送回家。而这位疑凶居然连警局的朋友都想伤害（未果）。小莫报警，疑凶去警局做笔录，回来后小莫还把他所有联系方式都拉黑了；但疑凶还是一再发出生命威胁。三个月后，疑凶蹲守到小莫，谋杀了她。

二、凶手没有买房给她（家人证实根本没有这回事）。小莫家里已有两套房了。而且，仅在一起一个月的男人，会买房给女友吗?

三、小莫自己有稳定工作，而凶手当时没有工作。

四、小莫没有劈腿。

经过小莫家人的一些补充，事件其实很清楚了。之前的谣言是从何而来的?

你要说这个疑凶提前收买了一群水军来污蔑受害者呢，我还能想通，坏，是为了钱；但从疑凶迅速自杀来看，这些脏水显然不可能是他做的局。只能归结为，那些闻风而动的造谣者，血液里流淌的都是脏水，造谣就是他们的天性，哪里有谣言哪里有脏活，他们就扑扇着苍蝇翅膀飞过去。他们像这位疑凶一样仇女，对于得不到的女人，都要自动归结为骚、浪、贱，欲杀之而后快。只不过，他们不一定有机会和勇气，疑凶替他们除掉那些比他们美好的东西，让他们得以心理平衡。

可以说，受害者有罪论，对于一些人来说，是本能。哦不，仅仅是“女性受害者”有罪论。被谋杀的姑娘自己也有错；而男性受害者，如自杀的苏享茂，却是真正可怜的老实人，是被毒妇所陷害的。——全然不顾他本身就有犯罪嫌疑。当然，我认为男女受害者都是可怜的；但是，你们能不能统一一下评判事物的标准？

双重标准的另一个代名词，就是蛮不讲理，任意扭曲和裁减事实。

对于“受害者有罪论”这种论调，我不打算在这里再分析了。因为一般会犯这种毛病的人，不是蠢就是坏；人品，是无法扭转的。

很多人都说，女生想要不被害，自己就要小心一点啊。谁叫你不小心的？那么，我来分析一下：假如女性身边出现了纠缠不休的追求者，或者前男友，怎么做才算小心呢，怎么样才能不被杀掉呢？

第一种：果断地拒绝纠缠，报警。

可是，这样不行哦，小莫就是这么做的，她做得很完美了。她被谋杀了。

第二种：委婉地拒绝，不要伤害对方的自尊心，假装还是他的朋友，这样就不会激怒他了。

可是，这样也不行。杭州那个被人从 19 楼抱起扔下去的女孩就是如此。虽然她早已婉拒求爱，虽然他也知道她根本不喜欢他，这个富二代还是把女生在阳台上抱起来扔下了 19 楼。——对，就是那个谎称 8 年送了 4 万元的案子，实际上，女孩每次都退还了红包；可惜，大家愿意相信杀人犯而不相信无辜者，死去的女孩还被全网辱骂，骂她的评论都是一两万个点赞。

第三种：上面那些女人被污辱说贪钱。那女人比男人还有钱，还勇于突破阶层的障碍，为了爱情与男人在一起了。那么，这样的妻子太贤惠了，值得珍惜了，是吧？

可是，这样也危险。美丽的上海姑娘杨俪萍，嫁给经济条件远不如她的朱某，婚礼穿着旧衣服、不拍婚纱照、婚宴一切从简。但结婚后没多久，她被丈夫朱某杀掉，藏尸冰柜三个月。案发后，朱某的妈妈说朱某：“胆子很小，是个乖宝宝。”

胆小的乖宝宝，尚且杀人藏尸，与尸同眠，神色如常；胆子若是大的话，他能干出啥事呢？

第四种：如果不涉及贫富问题，男女双方差不多，是不是就安全了？

可是，这样同样保不了命。无锡一位 26 岁漂亮女子黄某被丈夫戴某殴打至死，因为她曾与男同事吃了个饭。是不是黄某不去吃这个饭就没事呢？不是。当天，黄某的丈夫打电话给她的父母，说要把黄某弄死。而此前，为家人所知的严重家暴就有 5 次。再往前推，在黄某怀孕与戴某结婚时，方知戴某曾结过婚，还有两个孩子；黄某那时才知道，戴某的前妻就是被他打跑的；但她已经遭受到生命威胁，来不及了……

第五种：既然这么危险，那就不接受求爱吧。

可是，也不行。我随便摘几条新闻报道吧：

2015 年七夕，徐州市一小区内，一名男子求爱不成，持刀将妙龄女子捅伤在楼道中，最后该女子因伤重身亡。（@ 都市晨报）

2015 年，温州五马街遇同乡，少年心生爱慕，展开追求，但 16 岁的女孩无意并多次拒绝，求爱不成他竟用钥匙捅伤女孩的左眼，女孩不得不接受左眼球摘除手术。（@ 浙江公安）

2015 年，26 岁嫌疑人杨某向 19 岁工友小覃求爱，小覃没有答应，杨某向小覃刺了约 20 刀致小覃死亡……

受害人，无论怎么做，都一定会被杀死。

之所以有谋杀、有伤害，是因为有凶手的存在，而不是因为有受害人的存在。我们不可能通过消灭受害人来消灭犯罪的。

现在形成了一种非常可怕的风气：每一个受害者及其家人，都必须第一时间证明自己不是坏人，不想炒作，不贪钱，女儿没有与凶手恋爱，没有拿凶手的钱……这个社会迫不及待想把凶手洗白，而把受害者弄脏，仅仅是出于一种本能，一种自动与凶残者、施暴者结盟的本能。拿着显微镜去找受害者的过错，拿着放大镜去找杀人犯的可同情之处——最后，你觉得能得出什么结论？

有一个案件：邹某追求同学杨某遭拒，在商场将年仅 20 岁的杨某连捅 78 刀，致其当场死亡。法院判处死刑立即执行。而判处原因里有一条：两人不存在恋爱关系，不能适用最高法院关于婚恋问题凶案慎用极刑的规定。

即是说，若有恋爱关系，则可从轻处理。

甚至，不管是判决还是舆论，都无须根据实际情况，只需要凶手说一声“我喜欢她”，那么这个女孩就自动有了归属，他就可以有伤害她的权力了，罪恶就自动降一级了。群众也会认为，她之所以被害，是因为她不够顺从男人。

确实，法律不是万能的，道德更不是。但这两者不仅肩负着震慑犯罪者以减少犯罪的责任，更有重新塑造正义与公平、抚慰人心的作用。就目前人类的本性来说，再公平再完美的社会也无法绝对避免犯罪，但如果我们的社会发声是公正的，我们的善恶是非是正当的，那么，受伤的心灵可以得到安抚和平静，这个社会还是令人感觉到希望的。

但如果大家都认为魔鬼更厉害，所以主动站在魔鬼的一边，毫无疑问，正义就会被吞噬，人人自危。

辑三 不要贤惠，要精明能干

在我看来，女性为照顾家庭放弃工作，或者选择低薪低竞争的工作，是很可惜的，尤其是众多有高学历的女性。因为她们错过的，不仅是财产权和家庭的主导权，还有自我的全面成长。后者，是再“有良心”的男人也给不了你的。

为什么不说“男性有选择在家带孩子的自由”？

> 不要看他们说的“女性有选择在家带孩子的自由”，要看他们是不是支持社会上普遍都有“男性有选择在家带孩子的自由”。所有的性别话题，你把“男”和“女”两个字眼换一下，就能明白背后的真实态度了。

*

一

2018年金球奖的夺奖热门电影《金钱世界》，有颇多戏里戏外的故事。因为原来的男主角凯文·斯派西曝出了性骚扰的丑闻，剧组不得不临时换角，花了9天时间补拍，还获得了最佳导演、最佳女主角和最佳男配角的提名。

但是，男配角马克·沃尔伯格参与补拍《金钱世界》得到的薪水为150万美元；女主角米歇尔·威廉姆斯每日薪水为80美元，9天共计不到1000美元。即便算总收入，米歇尔·威廉姆斯的也只有马克·沃尔伯格的六分之一。

须知，米歇尔·威廉姆斯的咖位，不次于马克·沃尔伯格。她曾获得四次奥斯卡提名，获评金球奖最佳女主角，提名不计其数。她还是 LV 的形象代言人，不管是在奖项上还是票房号召力、知名度上，都算得上一线。而且，她还因此片再获金球最佳女主角提名；而马克只是第二男主。（后话是，这部片子的男女同工不同酬引起很大反响，马克·沃尔伯格及其经纪公司决定向 Time’s Up 基金捐赠共计 200 万美元，以支持追求薪酬平等和反性骚扰运动。）

另一个大众所知的新闻是，詹妮弗·劳伦斯抱怨，出演电影《美国骗局》，相对于克里斯汀·贝尔和布莱德利·库珀每人 250 万美元的片酬，她只有 125 万美元。她和奥斯卡提名者艾米·亚当斯都只从这部电影中获得 7% 的收益，而另外三位男演员都获得了 9% 的收益。

而在出演该片的时候，史上最年轻奥斯卡影后詹妮弗·劳伦斯已是全球薪酬最高的女演员了。

不管是詹妮弗·劳伦斯还是米歇尔·威廉姆斯，在行业里都达到顶尖级了。她们的收入远不如她们的男同行，不是因为她们的水平和贡献低，而是因为她们有乳房和子宫，给她们的薪水就自动降级了。

讲完这个故事，如果还说女人的薪水低、收入低，说明了女人的能力不行，就更不应该让她们工作了——就不觉得脸红吗？这种倒果为因，是一种非常低级的话术。

做明星是这样的，在别的行业难道不是吗？在美国如此，中国就好了吗?

二

《腾讯·大家》上曾刊登一篇田方萌老师写的《女权主义错在哪里》，文中把我的某篇文章作为一个例子。这让我受宠若惊。

整篇通读下来，我感觉基本上田方萌说的每一条都充满逻辑漏洞、罔顾事实，完全可以逐个驳斥。我只能举例说明了。原文说：

> 崔卫平首先讲出一个明显的事实：“翻开哲学史，女性哲学家实在是太少了，连凤毛麟角也谈不上。”“女性从根本上被剥夺了接受教育的权利。显然，哲学活动只在那些会读写的人中进行。”“在一个相当漫长的历史时期里，女性完全被排除在这样的活动之外，不具有哲学活动所要求的宽裕环境，不管是在东方还是在西方，这是有目共睹的事实。”

田方萌的观点是：

> 我完全相信这一事实——女性在东西方历史上长期被剥夺了受教育的权利。可我们还知道，有少数女性幸运地成为“会读写的人”，否则文学史上不会留下李清照和勃朗特姐妹的芳

名，她们为何没有成为哲学家？因为她们“完全被排除在这样的活动之外”。

看来，哲学思考就像桥牌俱乐部，如果男性哲学家不带女人玩，她们是不能独立思考的。如果是因为她们“不具有哲学活动所要求的宽裕环境”，可为什么斯宾诺莎，一个被驱逐出境、靠磨眼镜片艰难维生的隐士，能够在西方哲学史上留名？为什么葛兰西，一个出身贫寒、疾病缠身的可怜人，能够在十年牢狱期间写出三十多本札记，为政治哲学做出重大贡献？

首先，我要问：为什么李白、杜甫没有成为哲学家？为什么非要李清照不当诗人、收藏家，而去当哲学家？李清照当不上哲学家，就成了“女性不能独立思考的证据”？那李白没有当上哲学家，能不能证明“男性不能独立思考”？

还有，当代哲学史上的安·兰德、西蒙娜·薇依、波伏娃，还有你们言必称“平庸的恶”“极权的起源”的汉娜·阿伦特，被你们吃掉了吗？

如果女性整体被剥夺了受教育权，不能成为女性获得知识少的原因，这个逻辑就是：虽然我把你们的腿都打断了，但不还是有腿断的人学会了走路吗？说明打断腿不会妨碍走路，你不会走路不是因为被打断腿了，而是你本来没有走路的天赋，你本来就不应该走路。

另一个例子，原文说：

> 女性收入相对于男性下降，是一个基本事实。这与女性的劳动参与率下降是一致的，为了照顾孩子和操持家务，她们可以不工作，也可以做兼职工作、不用加班的工作，或出差很少的工作。
>
> 这些工作的共同特点是工资较低，而回报较高责任也更大的工作则多由男性完成，因此统计数据反映出两性年收入差距增大。可这并不必然意味着女性的经济地位下降，由于丈夫可以专心工作或投入事业，妻子可支配的资产也许比她参与工作时还要多。
>
> 读者可能会问：为什么不能是妻子外出工作，丈夫在家看娃？最基本的原因在于男性自身就没有生育和哺乳的器官，而夫妻往往根据双方的“比较优势”分工协作。女权主义者习惯将“妇女回家”看作历史倒退，似乎女性一退出工作，地位就降低了。

不能说里面毫无道理。

原文提到：卢旺达的女性劳动参与率达 86%，世界最高，难道说明他们女性地位高吗？不能。但凡事不能胶柱鼓瑟。一个国家内部的性别平等问题，还与国家经济水平挂钩；没有什么事是完全孤立的。

为什么最穷的国家最穷的时代里，女性劳动参与率更高？因为，绝大多数人都无差异地丧失了人权，无分男女；大家都一无所有，无分男女。这时，基本的生存问题，压倒了平等问题。

这是在新中国成立之初的二十几年里女性地位看起来不比男性低多少的原因，也是卢旺达等战乱和极贫困国家女性劳动参与率高的原因。

然而，你好意思拿中国这样的世界第二大经济体，去向下和卢旺达比吗？中国的女性尊严与价值，你觉得是应该和先进国家比，还是和卢旺达等国家比？

原文对两性关系提出的建议是：男性永远占赚钱多的一方、经济优越的一方，女性永远是伸手向男方要“家用”的一方，这样不很好吗？女性依附着男性，说不定更容易吃香喝辣呢？

这就是所谓的“男女都一样”。

虽然田方萌后面说：“成为出色的职场女性和培养健康的下一代，两者不都为社会做出了贡献吗，不都应该受到我们的承认吗？”然而，男方为什么不专职在家“培养健康的下一代”，不也是为社会做出了贡献吗，不都应该受到我们的承认吗？

田方萌说了：“因为男性自身就没有生育和哺乳的器官。”

他眼中的理想社会是：整个社会富有了之后，女性可以由被迫在家带孩子，变成高高兴兴地在家带孩子。

不要看他们说的“女性有选择在家带孩子的自由”，要看他们是不是支持社会上普遍都有“男性有选择在家带孩子的自由”。还有，所有的性别话题，你把“男”和“女”两个字眼换一下，就能明白背后的真实态度了。

三

现代社会里，因为社会分工和经济发展需要解放劳动力，女性才被允许工作了。但社会仍然给她们建了无数看不见的天花板。不信的话，可以看看这些社会精英们的说法：

> 虽然女生成绩好，但我还是想录取男生。
>
> 现在的考试不公平，改来改去都是女生排在前面，要改革，要更适合男生才行。
>
> 我们不招女生。女生要结婚生孩子。什么，你不生孩子？不生也不要。
>
> 出国外派，我们只让男生去。
>
> 只会给男性升职。女性能升职的肯定都是睡上去的。

女生不是没有能力，她们也有非常强的为社会做贡献的意愿。但这个社会禁止她们做贡献。而且，在极尽一切可能地打压她们。

因为这个世界是要让给男性的。

如果这样还认为女性社会贡献太少，就相当于，让一个女性戴着全套的镣铐、头上扣着枷锁、背着两个小孩，跟男人赛跑。一旦还有少数女性居然能在这种情况下赢了男人，就朝她扔石头，然后说："你看，女人跑不过男人吧。有什么资格要同等的人权？"

最后，我再补充一点，文明社会，之所以不同于猪和狗的社会，就是因为天赋人权、人人平等，不是你的贡献大你就享有大的人权。老人年迈不能做贡献了，残疾人由于身体原因不能做贡献了，是不是就得被杀死？

我以为，一个社会里，如果不是道德有严重缺陷的人，是不会问出"他没有我贡献多，为什么他跟我能平等"的话的。

男权精英们坚决地反对女权，核心是：

> 认为女性不该与男性有同等的受教育权、升学权。
>
> 认为女性不应该与男性同样参与工作的竞争，即使要参与，也该是次要角色。
>
> 认为女性的工作能力没法跟男性相比。
>
> 认为有很多领域不是女人该去工作的地方。
>
> 认为女人还是在家带孩子比较好。

——他们最担心的还是女性的话语权越来越大，越来越能干，事业越来越强。他们无法垄断了。

经济和权力，这是性别的核心问题。

现在再来回答田方萌们提出的问题："女权主义错在哪里？"

错在女权主义者还是心存善意，把世界想得美好了一点，认为男性中的知识分子会有良知，他们常常谈到自由、平等，所以也会支持女性的自由与平等。

但越来越多的现实，包括像田方萌这样的言论的围剿，才让女权主义者们清醒起来：原来，男性知识分子们说的"自由平等"，对象是不包括女性的。因为女性不是与他们一样的人类，而是一个附属品，一个能为他们生儿育女、繁衍后代的容器。

当然，他们的话语水平肯定是比普通人包装得精美的。只不过，再精美，也开始让人看到他们背后深深的恐惧，恐惧女人们开始有自己的思想了。

女性"软弱""善良"的错误，不会一直犯下去的。

除了买买买，女性就没有别的价值了？

> 现在的独立女性，太容易跟消费主义画等号了。
> 仿佛消费和花钱，就是女性的终极追求。

*

“三八妇女节”这节日的名称，似乎一直不能让中国广大女性满意。

一

几年前的“两会”，就有女性政协委员提议把“三八妇女节”更名为“三八女人节”。近年来，更有人将其改为“三七女生节”“三八女王节”“三八女神节”，在民间居然得到了不少认可。

为什么“妇女”二字这么不招人待见？

因为妇女在官方辞典中的定义是成年女子的通称，其中“妇”即有已婚女子、妻子的含义。虽然在法律上，所有女性都可以被认作“妇女”，但一些讲究的女性认为这个称呼显老了，不可爱，所以要纠偏。

现在的女生节，一般是各大高校出尽百宝，讨好甚至谄媚女同学，挂一下“某大女生，我妈指定儿媳”这样的横幅，给身边女生集体送花……总体，是一种卖萌。只不过，很多“卖萌”不仅不解风情，而且还“卖”得比较蠢，比较低俗。

女王节，则是各大商场、各大电商各种花式促销，呼吁女人“对自己好一点”，让女人买买买，或者让她们的男友给她们买买买。

也正因为如此，有一些女权主义者很不认同“三七女生节”“三八女王节”，认为这是一种新的性别歧视，或者是污名化“妇女节”，反感这种潮流。

看来，是时候重新捋一捋“三八妇女节”这个事了。

“三八妇女节”的全称是“联合国妇女权益和国际和平日”。1908 年 3 月 8 日，一万五千名女性劳工走上纽约街头，反对男女不对等薪资、反对超长工时，并要求给予女性选举权。

从美国妇女争取“男女平等”游行集会开始，这个“妇女节”是为庆祝妇女在经济、政治和社会等领域做出的重要贡献而设立的。二十世纪初，一系列发生在欧洲和美洲的女权运动共同促成了“三八国际妇女节”的诞生。

一百多年过去了，全球女性的地位确实提高了不少，女性普遍有了受教育权、工作权，婚恋自由也成为社会共识，女性也开始拥有了与男性平等的政治权利。这是二十世纪至今无数人努力得来的结果。妇女节鼓励这种争取自由和平等的精神。

但直到现在，真实的社会状况离真正的性别平等还有很长的距离，甚至近几年还呈现了倒退趋势。

在很多国家和地区，女性还是一件家具、一种财产，有些地方还有童婚、割礼、拐卖，还有各种强奸和性骚扰，甚至成年女性需要男性作为监护人才能外出……

不管是在中国还是在全世界，关于女性的社会地位需要争取的东西还太多，路还很长。“三八国际妇女节”指引我们前行的路，自由和平等，还不能忘。

为女性的劳动权益抗争的这个过程，还远远没有结束啊。

这么快就在享受只实现了一半的胜利果实，把一个充满前瞻与正义的纪念日，消解成消费盛典，是不是把女性的价值太过窄化了？

二

称为“女生”“女王”“女神”，并无恶意和不恭敬，我不想把这种“女王节”解读为歧视。

在中国，除了清明节之外，一切节日最终都会变成消费节、购物节、促销节，三八节也不例外。天大地大，没有借着名目怂恿大家花钱而赚一笔钱重大。电商才不会管你背后有什么含义，能借个题目来促销就是好事。

如果说“女王节”之类的宣传还有正面意义的话，那就是体现了女性在具备了独立的经济能力之后，爆发出来的强大的消费力。自己赚钱买花戴，也是一件开心和自由的事。这正是女性具备一定的财产权的表现。

只不过，现在的独立女性，太容易跟消费主义画等号了。

一提“独立女性”这个标签，脑海里浮现出来的，就是一个妆容精致漂亮的女人，蹬着高跟鞋，一身名牌，雄赳赳气昂昂地大步流星，不是在公司里训斥下属，就是在大型的MALL里和闺蜜一起购物。

这意味着什么呢？关于女性的价值，哪怕是事业有成的强大女性的价值，大家的想象也很贫乏。限于有钱，买名牌，爱打扮，舍得花钱，气场强大。

仿佛消费和花钱，就是女性的终极追求。

现在的口号实在太多了：

> 没有什么困难买一个包解决不了；如果有，就买两个。
>
> 我们很独立，只需要男人给我们的包（容）。

仿佛一个包包解千愁；仿佛世上无难事，只要买口红。

不是花男人的钱来买名牌，就是铁了心自己赚钱买名牌；最终，只能通过买买买来证明自己的意义和价值。

我自己喜欢名牌，喜欢消费，但我深知，它们只是整个庞大现实世界转轴当中非常不起眼的一种小趣味；完全不能代表这个世界的运行规则，也不是评价标准。

女性能消费得起，并不代表就可以遮蔽起其他不计其数的社会问题了。

就算是都市独立女性，也不总是鲜衣怒马地穿上战衣，到处刷信用卡，到处买买买。她可能坐在电脑桌前十个小时，连午饭都来不及吃，粗服乱头、黑着眼圈、狼狈不堪地赶工，这才是人生的常态。人生的本质是粗粝的生活，而不是甜点上的可爱小樱桃。

事实上，稍有点儿社会责任感的话，一位女性是很难说出“女性的地位已经很高了”这样的话的。

我们面对着中国的性别平等在全世界排名倒数（144 个国家中排第 100 名），从 2008 年的全球第 57 名开始年年倒退；女性劳动参与率全球最高，2016 年中国女性的劳动参与率超过 63%，但女性在公司董事会级别的人数占比仅为 9.4% ；在“同工同酬”上，中国的实现程度仅为 64%……一系列的数字，都无法乐观。

如果视野放得更广阔，观察那些没那么光鲜的阶层，去了解今日中国的女性地位，得出的结论将更残酷。

有时我想，我也不该那么严肃。像“女王节”这种消费主题，也是一种都市中轻快的正能量，讲究生活品质的一种表现。但在这样的日子里，我几乎无法找到其他的女性主题了。是其他的都不重要了吗?

男性掌握和控制的财产权，比女性多得多；但是商家会不断鼓动他们买买买吗？很难。

我觉得这不是消费习惯的问题。而是，他们的成功领域和成功定义，比女性开阔得太多。他们有无数种可能性。

可是，消费，却成了女性成功的一种核心评判标准，定义了女性的姿态——这种女性话语资源的匮乏，本身就是一个大问题了。

保障妻权、母权而非女权的日本，给中国什么启示？

> 日本就是个十分保障妻权、母权的国家，但这样也强化了女性的人身依附，并给男性沉重的枷锁。

*

日本的年轻人现在已成为“清心寡欲”的一代了，这并不是一个新鲜的观点。不过，当日本著名管理学家大前研一所著的《低欲望社会》畅销的时候，不管是在日本还是海外，还是引发了热议。

这本书的副标题叫“胸无大志的时代”，大前研一感叹道：日本年轻人没有欲望、没有梦想、没有干劲，日本已陷入“低欲望社会”。书中提到了日本出生人口减少和人口老龄化的现实。当然，还有日本经济增速放缓、经济低迷等种种问题。

一

日本的“低欲望”是有多低呢？不愿生孩子、不愿结婚、不愿恋爱，连带着对房子、对物欲、对消费，也没有多少兴趣了。

先来说“少子化”。根据日本国立社会保障和人口问题研究所预测：“到 2060 年，日本人口数量将减少至约 8674 万，其中，近 40% 人口届时将年满 65 岁。如果照目前的趋势下去，200 年之后日本的人口数量将减至 1400 万人，300 年后将少于 450 万，到 2500 年全国将只剩下千人。”

这可以说是“日本正在悄无声息地消亡”了。虽然为了提高生育率，日本政府推出多项新法，但日本老龄化和少子化的趋势，已难以扭转。

再来说低结婚率。日本国立社会保障与人口问题研究所公布的关于“终生未婚率”的调查数据显示，2015 年 50 岁之前从未结过婚的日本男性比例约为 23.4%，女性比例约为 14.1%，创下历史新高。这意味着，日本男性平均每 4 人中就有 1 人、女性平均每 7 人中就有 1 人终生未婚。而另一项日本著名广告与调查公司博报堂的调查则显示，到 2035 年，日本 15 岁以上人口中约有 4805 万是单身者，有配偶者约为 5279 万，即约有一半日本人会过单身生活。

即便结婚生育，也大大推后了：日本女性的平均结婚年龄为 29.3 岁，女性首胎生育年龄高达 30.4 岁（2013 年）。

还有无性。“不想结婚”也就罢了，现在的日本年轻人，连谈恋爱、性，都没有兴趣了。

日本政府 2016 年 9 月公布的一项调查结果显示，日本 18 岁到 34 岁的未婚者中，有超过 40% 的人没有任何性经验，高达 70% 的受访男并未在谈任何形式的恋爱。日本家族计划协会（JFPA）调查发现，16 岁—24 岁人士中，有 45% 的女性和逾 25% 的男性表示“无兴趣甚至鄙视性接触”。

相关的数据已经够多了。“单身大国”“低欲望”正在成为日本的新标签。

当然，作为一个自由的现代国家，单身、无性，是个体的选择，这没有问题。不过，不管是在动物世界，还是人类文明当中，性与繁殖，都是推动进化、推动社会发展的动力；一旦整个社会都普遍没有欲望的时候，这个种群就将消亡了。

没有欲望，消费就会大大减少，就业率就会大幅下降，经济就会衰退；再加上没有年轻人，就没有创造力，也没有消费力，社会发展就会进一步停滞甚至倒退，最后湮灭。

这里面一定出了什么问题。

二

经济学家们经常参考日本的经济腾飞、日本的房地产泡沫破裂、日本经济增速放缓等种种现象，作为中国的经济现状或未来的借镜。

从文化上来说，更是如此。虽然日本算是“西方国家”（地理上位于东方），但它也深受东方儒家文化体系影响；反过来，它在经济、科技、文化等方面也深深地影响了当下的中国。

我认为，日本的“少子化”“超单身”“低欲望”这些标签，除了与日本国的经济低迷有关，更与日本的男女不平等的传统文化有关。

以前大概没有人会意识到，性别歧视，有可能对一个经济发达的现代民主国家形成深远影响，甚至长远地影响到经济，影响到生死存亡。

事实上，受东方儒家文化影响的国家和地区，从日本、韩国，到中国香港、中国台湾，以及日益强大的大陆，尽管很富有，但都是男女不平等的重灾区。在世界经济论坛发布的《2017 年全球性别差距报告》中，中国居第 100 位、日本第 114 位、韩国第 116 位，都是排名靠后、性别歧视严重的国家（共考察了 144 个国家）。预测表明，东亚地区仍然还需要 111 年才能真正消除经济差距，而部分原因就在于这些经济大国的进步速度过于缓慢。

日本女性地位低吗？可能很多人不同意。日本是一个教育文化程度高、文明礼貌首屈一指的国家；在不少方面，日本女性是比中国女性有保障的。

（以下谈中国，仅以大中城市女性为坐标，农村女性另有特殊情况。）

常见的说法是，日本人结婚时会开一个夫妻共同账户，丈夫的工资存入共同账户，由妻子来掌控一家的开销和丈夫的零花钱，而丈夫的零花钱，刨去各种支出和存款，只有可怜巴巴的一点。而且，一旦离婚，女方可分得比例较高的家庭财产（男方工作收入）。于是乎，男性退休以后，握有财权的女性把丈夫踢掉，分走大部分财产，逍遥自在，而没有生活自理能力的老年男性则晚境可怜。

而在中国，如果女性当全职主妇的话，就会被当作吃闲饭的；不仅没有财产权，也根本得不到尊重。从这点来看，日本女性似乎比中国女性有保障。

但是，日本的社会文化既然把女性定位为依附男人、服务男人的性别，真正要离婚分财产的时候怎么会偏向于她们呢？这只是一厢情愿罢了，她们并没有多少选择的余地。何况，最重要的是，日本是不鼓励女性参加工作的。目前来看，女性作为配角的情况也非常明显。

日本的5356万被雇用者当中，女性占40%，其中大部分在服务业、商业、饮食业工作，而且仅有53%是公司的正式员工，另一半是合同工、临时工、小时工、派遣工等，她们不仅工资收入低，而且工作极不稳定。在企业中，至今仍有许多女性不得不因结婚而辞去工作。不管是在企业管理层还是政府中，级别越高，女性所占比例越小。在这一方面，日本连中国都不如。

女性的职场地位如何？我想起在日剧《问题餐厅》里，开头部分，一位女员工为了替整个部门承担责任，被男性上司们要求赤身裸体，当众谢罪。对女性的羞辱之深，在中国都是匪夷所思的：中国的职场对女性虽然残酷，但还不至于到无耻的程度。

所以，尽管日本女性在婚姻当中掌握部分财权，依旧不可能保障女权。究其量，他们保障的是“妻权”“母权”——换言之，女性只有为家庭服务，为男性服务，才是有价值的，才是有保障的。

日本社会也不鼓励女孩子读正规的大学，即便读也希望她们读短期大学（大专）；所以，民间才有“女生不要考东京大学，嫁不出去”的说法（东大男生是女生的 5.1 倍，女生仅占总人数的 16.4%，2010 年）；就是因为东大是世界排名前列的学校，能考上的女生都是有抱负的，都是佼佼者，她们大概是不安于做家庭主妇的，男生驾驭不了。

三

其实，女性占人口的一半，这一半人口受挫，男性不可能不受影响。在传统的日本家庭里，结婚、生子、抚养孩子、赡养父母是捆绑在一起的。因为打压女性的教育与工作，女性上班到结婚就辞职回归家庭，男人必须一个人养起一个家；在日本这样高消费的国家里，压力是很大的。

于是，很多男性根本没有能力养起整个家，也就没有机会结婚了。而且，一旦结婚，男性只能使用零花钱，可支配收入骤减。许多日本单身男性因此不愿结婚，更愿享受一个人轻松、自由的生活。

女人如果不想辞职，就更不愿意结婚生育了。

日本 80 后、90 后的年轻一代，在这个半边身子进入现代文明、半边身子还停留在传统文明的社会里，是不情愿与这套游戏规则媾和的。他们的反抗方式，就是越来越不想结婚、不想生子了。更可怕的是，因为知道没有结婚的希望，连恋爱和性都毫无兴趣了，索性就躲进虚构的动漫或爱情片里了。

也有人给我留言说，她在日本，身边的日本女性工作的很多，地位也高了。希望如此，正如天海佑希所饰演的各种职场女王的形象也很励志。但就像中国一样，调查结果才更能说明普遍的问题；仅仅是说我的“朋友圈”有很多比男性还要强大的优秀女性，就得出中国“性别很平等”这个结论反而是片面的。那只代表个人的生活圈子，不一定有普遍意义。

事实上，中国作为一个女性参加工作率全球排名第一的国家，跟日本的性别歧视的表现完全不一样；中国的性别歧视，主要集中在男女出生性别比、农村女性自杀比例全球最高等问题上。

四

我写这篇关于日本女性的文章，想说明的问题其实是：

1. 即便在发达国家，女性权益也未必能得到真正保障。因为表面上再彬彬有礼女士优先，骨子里却不把女人当成跟男人平等的人，这种想法与行为是无法掩饰的。甚至包括美英等国也是如此。女权问题是个真问题。

2. 中国的婚姻中，女性很难掌握自己的生育权和财产权等。但如果据此开出的药方，就是单方面提高女性婚内利益保障，催婚、催育，那是无济于事的。日本就是个十分保障妻权、母权的国家，但这样也强化了女性的人身依附，并给男性沉重的枷锁；不管男人女人，都既不想结婚也不想生孩子。

归根到底，还是应该让男性女性，可以无差异地享有“工作权”。

3. 男女不平等的社会，再富有、再文明，也终将为此付出巨大的代价。在这一点上，日本就是我们的一面镜子。

4. 男女平等的要义是：自由选择权，制度和社会不再因为性别设置任何障碍。

只能说，打破数千年来的因循守旧的传统是很难的，中外皆如此，道路还长着呢。

“妈妈，我们是不是要穷一辈子？”

> 《女性贫困》中写到一位十六岁女生吉吉，她身体健康，但她的愿望是能活到三十岁，因为三十岁之后就很难卖春了。

*

当我收到《女性贫困》这本书的时候，是内心一紧的。封面是一张照片，一位中年女性的背影与一位女性的正脸。这张脸，介乎十六到四十岁之间，不太好辨认年龄，染了头发，化了妆。我更倾向于认为她很年轻。因为，她脸上的憔悴和衰弱，足足可以给她加上二十岁。

这本书是日本 NHK 特别节目录制组一手资料大公开；该节目播出的时候，已经在日本引起过不小的反响了。封底的这句“妈妈，我们是不是会穷一辈子？”令人十分揪心，因为，她和母亲都知道，答案是“是”。

在日本，贫困正在向年轻女性蔓延。这本书探讨的是，“看不见的明天，无缘社会中的女性、青年与贫穷固化”；某种意义上，也可以作为我们中国女性地位的一个参照系。

一

2014 年年初，日本的公共电视台 NHK 连续播出了两个纪录片：《看不见明天：越来越严重的年轻女性之贫困》和《调查报告：女性贫困——新连锁的冲击》，观众的反应特别强烈。这本书里，集中的是日本城市里的年轻贫困女性。

日本厚生劳动省公布的 2015 年国民生活基础调查结果显示，每户家庭的平均收入为 541.9 万日元。日本政府将年收入低于 125 万日元（约合 6.6 万元人民币）的家庭定义为贫困阶层，而其中单亲妈妈家庭占比达到 48.2%，远远超过欧美发达国家的比例。现在在日本有超过 100 万的单身母亲。在这样艰难的经济状况下，她们独自抚养孩子的艰辛可想而知。

举几个书中描述的具体例子，看看到底是什么引发了“女性贫困”吧。

一是女性背后的非正式雇佣工作制。相当大一部分女性，从事着非正式雇佣工作；她们的工作内容与正式职工没有两样，责任更重，还不能拒绝加班，收入却不如正式职工的一半；出了事就被用来顶缸。——无论如何努力，她们的经济水平和生活水平也不可能提高，也没有转正的希望。

二是六百万日元的助学金债务。小爱与真纪两人都考上了大学，申请了助学金，毕业后，小爱不得不当上了合同工，税后工资十四万日元，而且工作两年工资只涨了十日元，以后也不会有所改变；每月还要还三万日元助学金贷款。小爱的冰箱里几乎是空的。她说，她一天有一杯冰咖啡就能活下去。

小爱的同学真纪，虽然当上了卡拉 OK 店的正式职工，但税后工资只有十五万日元。谈到结婚，小爱说："不可能的，虽然我也想结婚，等我还完钱都四十五岁了。"真纪说："其实助学金也是负债，如果说我欠债六百多万日元，男人听了会怎么想呢。"

但以她们每个月十四五万日元的工资（在日本，年收入在三百万日元以下的属于低收入群体），而且几乎不可能增加了，还完六百万日元，真是遥遥无期。

不上大学就找不到好工作，所以贫困家庭的孩子借钱上大学；但大学毕业仍然找不到好工作，却欠下巨额债务，半生都得为还助学金而活着。

三是单亲妈妈。日本默认，女人要结婚，就要回归家庭，不必自己挣钱，靠男人养活就行。这种观念下，男人才是工作主体，女人即便出门工作，也只是打打零工、挣点零花钱而已。结果，女性的人际关系薄弱，也难以找到像样的工作。"有的人受丈夫虐待，衣服都来不及换，身无分文就逃了出来。"这种情况下，更不必提向丈夫要抚养费了。

企业特别不愿意雇用单亲妈妈，结果女性只能一天打几份零工，根本没有时间照顾小孩。像二十九岁的单亲妈妈小茜，与儿子两人一个月的饭费是两万日元以内，她靠不吃午饭来省钱。小茜生病了不敢去医院，也没有带儿子去过游乐场。而因为要照顾孩子，小茜只能放弃正式职工的工作，选择非正式工。

而且，单亲妈妈的孩子进不了公立幼儿园，只能去更贵的私立幼儿园。小茜为了改善生活，不得不加夜班，也希望能够提高自己的职场能力；但孩子托管的时间更长了、费用更高了，与孩子相处的时间更短了。再次成为恶性循环。

四是色情店成为女性的“救命稻草”。日本有些色情店，会为单亲妈妈考虑得特别周到，在她们等待客人的空闲时间里，还帮她们介绍兼职工作，防止她们零收入。而且，为了吸引更多女性前来色情店工作，他们还自己掏钱开办托儿所等，方便单亲妈妈。此外，有些色情店还与附近民办托儿所签约，帮助妈妈报销一半的托管费用；还为这些妈妈们准备宿舍。

记者采访的色情店老板三上，对在这里工作的单亲妈妈很了解，帮她们存钱，帮她们接送孩子，帮她们制定工作期限和攒钱目标。而且，他还协助记者拍摄店里情况，希望大家更多地了解这些风尘女子。其中，二十一岁的女孩小花，说不介意自己两岁的女儿将来也做这行；十九岁的女孩说，最近她周围帮助过她的人在三十岁之前都自杀了，她也无法想象她的未来……

故事还有很多，包括永远在咖啡馆里过夜的女孩，全部家当就装在一个拉杆箱里；住在网吧的少女，甚至一家三口都住在网吧里的母女……她们看起来妆容整洁，但你无法想象，她们都是居无定所的流浪女性。而且，几乎不可能摆脱这种命运，她们的孩子也没有多大希望。

二

书中讲了很多故事。没有哪位女性，是在哭哭啼啼地卖惨。哪怕是每天不间断地工作十二个小时，甚至十四五个小时，此外还要照顾小孩，她们仍然竭尽全力地生活。但她们总是陷在恶性循环当中，无法开出解药。

书中给出了 2007 年的一些数据。孩子未成年的单亲母子家庭 57.6% 属于贫困状态，贫困集中在靠女性挣钱养家的家庭。年轻女性合同工 80% 在贫困线以下。2012 年，合同工在全部职工中所占的比例为 38.2%（1992 年仅占 21.7%）。但其中，从事工作的女性当中，有 47% 是合同工（1992 年仅占 24.9%）。而且，与男性即便同工也不同酬。

这些问题都无法得到解决。

这里也有日本经济不振、整体经济环境不理想的因素。但深层次的问题，显然是女性低下的社会地位、女性传统的功能与职责，与现代社会、现代文明不可避免的尖锐冲突。

日本作为全球第三大经济体，在民间常常被评为“全球最文明的国度”，甚至超越欧美。但男尊女卑的传统格局，却根深蒂固，而且还建立了各种社会制度，系统地维护这种不平等。

女性贫困人口居高不下、单亲妈妈越来越多、色情业发达、贫困代际传播、高额助学金无法偿还、隐性女性流浪人口增多、贫困儿童营养水平及照顾水平低下……这些不过是结果而已。为什么在现代社会里，这些问题会被放大得这么明显？

最直接的原因就是，传统把女性从小就训练成为男性的附庸，但现代社会又要求她们独立。如果家境富裕还稍好一点，否则，在这个不支持女性工作的社会里，女性直接从家庭里带着孩子被抛到社会上，就只能带着孩子沦为赤贫了。

贫困阶层当中肯定有男性有女性。但除了物质意义上的贫困是男女共通的之外，女性还有更为深刻的痛苦。

一是性剥削。日本的色情业发达；甚至，还能做到处处为走投无路的女性着想。这看似一种拯救或出路，实际上却将她们抛入更大的困境当中。

二是怀孕风险。可以说，生育是导致女性成为弱势性别的根本原因。如果沦为单亲妈妈的话，女性不仅要养活两个人，而且还得花费大量的时间来照顾幼儿，这就让她们没有办法工作；但不工作，又养不活孩子；不进修或者加班，就无法升职或转正，无法获得稍好一点的收入，无法送孩子进入幼儿园；但如果投入工作，就不能陪伴孩子，就得花更多的钱雇人照看孩子……女性山穷水尽的原因，基本上都与孩子有关。

三是女性从小就确立“嫁人”的目标，让她们很少接受合适的职业教育，多数都倾向于家政类、服务类、教育类的专业，这样毕业出来的女性，难以找到薪酬较高的工作。她们也难以嫁到体面的人家，遭受虐待和抛弃的风险极大，年纪轻轻就成了单亲妈妈，生活每况愈下。

四是严重的性别歧视导致她们无法与男性同工同酬，照顾孩子令她们无法全职工作，只能打零工，越来越穷，还遗传到孩子身上，贫穷代际传播下去了。

美国学者鲁斯·赛德尔在 *Keeping Women and Children Last* 一书中，描述 20 世纪 90 年代的美国女性时说：“全美 2/3 的兼职工作者都是女性，而这通常意味着她们在这些工作中没有任何福利。大多数女性都在收入最低的岗位上工作，这些工作通常是性别区隔且女性主导的，例如育儿、康复、美发、美甲以及其他服务行业。”

幸福的家庭都是相似的，不幸的家庭各有各的不幸。但不幸当中仍有相似之处：生育、比男性差的工作、比男性低的工资、贫困代际传播。这些都是她们无论如何努力，都无法翻身的原因。

三

比起男人的贫困，女人的贫困更为绝望。因为在日本，社会制度的设计，就是鼓励女性为家庭服务，让女性成为家庭主妇的。

以税收制度为例。工作就需要缴纳所得税、社会保险和厚生年金；但日本的家庭主妇作为丈夫的抚养对象，可以不缴纳保险金却享受相同的保险待遇，到了 65 岁还同样可以领取国民年金。这样来看，工作的女性必须向国家交税，不工作的女性反而可以从国家领钱。

这看似对家庭主妇很照顾；而实际上，则是反对女性独立，导致女性必须进入家庭、为家庭服务。也就是说，得仰仗与服从丈夫。

美国的汉学家傅高义教授在《日本新中产阶级》一书当中，就详细地描写了日本东京东郊“M 町”的中产生活：

> 在 M 町，一个典型的中产阶级家庭主妇事实上没有机会自己挣钱养活自己，贫寒人家的妇女们以前能够去做些缝缝补补的活儿，但因为机器大工业的发展，这些手工活正逐渐被大机器取代，即使中产阶级的主妇能够找到类似的工作，那也很尴尬，因为很少有工作适合她的社会地位，除非是讲授些她特别擅长的家政课，或是某些如发型设计这样的特殊服务。即使能得到其他工作，她也只能得到比同一职位的男性更低的工资，甚至还低于同一职位的年轻女孩。通常而言，中产阶级的家庭主妇在守寡后才会外出求职，而得到的收入很可能不足以养活她和孩子。

通常而言，男性的工资是家庭收入的唯一来源，而在出现问题的时候女性没有变通之计。

当然，上面这一段，傅高义考察的是日本 20 世纪 60 年代的情形，在今天已经有了一定的变化：离婚的更多、未婚先孕的更多、陷入危机的女性更多。

只要女性不在婚姻状态当中，生存仍然非常艰难。《2012 年就业结构基本调查》显示，日本非雇佣女性有 357 万人，其中年收入未满 200 万日元的女性，居然有 81.49%，属于经济困窘状态；大多数非正式雇佣的年轻女性处于收入极低的位置。其中，有 260 万名女性从事服务业的非雇佣岗位，即低水平就业。

另外还有一些重点大学的数据供参考：早稻田大学入学人数，男生是女生的两倍；东京大学，男生是女生的五倍；庆应义塾大学，男生是女生的两倍以上；明治大学，男生是女生的 2.5 倍；东京工业大学，男生是女生的约 8 倍……（2016 年数据）最高学府的入学，已率先为男女进行了区隔了；进入职场后，对比将会更明显。

在中国，女性的工作率是全球最高的；但今天中国女性仍然需要为平等的工作环境不停地呐喊；这个问题在日本则要严峻得多。单亲母亲无法找到好工作，容易陷入赤贫状态。

在这种前提下，也不能指望女性在婚姻当中能够得到多少好处了。日本支持女性成为家庭妇女，她们对孩子的教育、安排生活的精细，都像艺术一样令人叹为观止；然而，在传统日本的正统观念当中，妻子不仅服从夫君，而且乐此不疲。女人快乐和自由的源头，不在于维护其自身独立，而在于学习自愿地按照要求行事。日本还经常有一个听起来似乎很“女权”的说法，叫作“管理丈夫”；而这个“管理丈夫的艺术”“实质上是妻子对高高在上的丈夫的适应”。（见傅高义《日本新中产阶级》第十章《家庭内部权威》。）

家庭生活对于妻子来说很重要，甚至是人生的全部，但对于丈夫来说不重要。——请告诉我，这样的家庭会平等吗？会幸福吗？

没有选择权、没有议价能力，就只能任人抛弃了。

贫困，当然首先是经济上的贫困。但缺乏自由，没有独立意志，没有希望，甚至无暇思考活着的意义，大概是更大的贫困吧。在《女性贫困》一书中，作者采访过一位十六岁女生吉吉，她身体健康，但她的愿望是能活到三十岁，因为三十岁之后就很难卖春了。

这样的人生，实在太令人恐惧了。

女性不缺工作，缺好工作

> 现在步入中年的现代女性，最担心的不是婚姻、感情、子女中出现的问题；而是有没有钱、有没有事业，在自己的生活里有没有话语权。

*

《我的前半生》是2017年的热门剧，引起过很多讨论。它的本意是提醒女性不要依赖家庭，要自强自立的；但演着演着，却变成了女主角罗子君离婚，从闺蜜手中横刀夺爱，赢得了一个更帅更多金的男人的故事。女主的事业嘛，有是有的，却主要是靠着男人的金手指点石成金、一路抬举，最后成为职场强人。

反倒是真正靠自己一手一脚打拼起事业的女二号唐晶，忙于事业、不急着结婚，却被闺蜜撬走了交往十年的男友；这还不打紧，还被观众们群嘲为“怪她自己太作”。

现在不都已在提倡“独立”女性了吗？是不是大家对“事业女性”这几个字有什么误解？

一

虽然吐槽的人很多，不过我觉得编剧在这里设置了一个无所不能的职场精英男和死忠的闺蜜，教罗子君一步步重回职场，在某种意义上是必要的。因为一个离开职场十年、从来没有工作过、没有人脉资源的单亲妈妈，要是没有在主角光环下得到的金手指，是绝无可能在职场上迎刃而解，一路扶摇直上的。这样的人能够跟上常人的步伐和思维，已是千难万难了。

从一部热门影视剧反馈出来的分析和信息当中，你会发现，大家并不是认为女人应该独立、有思想，而仅仅是以为女性有点钱、有点事业，会增加吸引男人的筹码，可以嫁得更好。而对罗子君此前在家当“全职太太”的挖苦，不过是认为新时代男人的口味变了，女人得进阶为“事业女性”去吸引他们。

说到底，还是以男性为主体、女性为客体的。职场是男人的战场，争夺男人才是女人的战场。

这种价值观我不能认可。撇开电视剧，我认为，现在步入中年的现代女性，最担心的不是婚姻、感情、子女中出现的问题；而是有没有钱、有没有事业，在自己的生活里有没有话语权的问题。当有了事业、有了相应的经济能力之后，前面的困境都是可以应付的。

城市男性的答案也应该差不多。只不过，很多人还停留在“女性应该把婚姻家庭排在首位”的固化思维阶段；认为女性就应该找些安稳的、轻松的、没有竞争性的工作，方便照顾家庭。

有一份工资了，就算是女性有“事业”了吗？其实不然。这种思维方式的结果是显而易见的：从事轻松、稳定、薪水低的工作省下来的时间和精力，女性都奉献给了无薪酬劳动。

虽然男女不同工同酬，是全世界的共同现象，但中国又有其特点。在这方面，中国的特点是：女人不缺工作，但缺好工作；中国女人很勤劳，但收入很低。

首先，我们要知道的是，中国女性的劳动参与率（参加工作）多年来都是全世界最高的。据世界劳工组织估计，2016 年中国女性的劳动参与率超过 63%（世界平均水平不足 50%），甚至比意大利等发达国家的男性劳动参与率都高，为世界第一。如果仅从此角度考虑，中国女性毫无疑问已经站在了世界的顶端。

然而，中国女性有了遥遥领先于其他国家的劳动参与率，收入情况如何呢？

2016 年 11 月 30 日，由中国社科院人口所主编的《人口与劳动绿皮书：中国人口与劳动问题报告 No.17》指出，中国性别工资差距正在不断扩大。

> 1990 年中国城镇就业人口中，女性平均工资约为男性工资水平的 77.5%，而到 2010 年女性工资只有男性的 65.8%。而且，在所有队列内性别工资差距均呈扩大趋势。

在控制职业、地区、个人和家庭特征等变量的情况下，1995—1999 年参加工作的群体，高学历女性在 2003 年的工资只有男性的 87%，而到了 2009 年则只有男性的 79.0%；

1990—1994 年参加工作的人，女性 2003 年工资约为男性的 98.0%，而到了 2009 年则只有男性的 83.0%；

1980—1984 年参加工作的人，2003 年女性的平均工资为男性的 113.0%，而到了 2009 年也只有男性的 85.0% 左右。

由此可见，在最近的十多年时间里，高学历女性与同等条件下的男性之间的工资差距呈扩大趋势。

中山大学社会科学调查中心发布的一份《中国劳动力动态调查：2015 年报告》也作出了证明，所有类别男性收入远高于女性；不管是在全国层面，还是城市、乡村，无论是工资收入还是经营性收入，有收入的男性劳动者平均收入都高于女性劳动者，有的甚至高出一倍。

是因为女人真的天生能力很差吗？实际上，如果把有酬工作时间和家务劳动时间之和作为一个人的劳动总时间的话，中国农村女性每周劳动总时间比男性高 7 个小时，而城市女性每周劳动总时间比男性高 10.5 个小时。而这些多出来的劳动，并没有货币化。

薪酬差距的拉大，与二胎政策的普及以及社会对女性回归家庭的鼓吹有关；女性的工资将会越来越少，而没有薪水的劳动将会越来越多。中国的婚姻制度在实际操作中，并不承认家务劳动的价值，一旦离婚，谁的收入高、可货币化的资产高，谁就有压倒性的优势。

这也是离了婚的罗子君非常狼狈的原因。家庭主妇实际上是一份工作，但没有人承认，大家都批评她“不独立”。

二

“婚姻是女人的归宿”这个魔咒控制女人太多年了，以致打破“婚姻与家庭”这个紧箍咒就已耗尽了女人大部分的精力，也已占据了女权主义者们大部分的发声渠道。实际上，打破女性就业的天花板也相当重要。很多女性从事的是低薪酬的工作，同时还被大量无薪酬劳动所缠绕，能攀升到事业高层的女性格外地少。

诺贝尔经济学奖得主 Gary Becker 是家庭经济学的创始人。他的一个观点就是，子女的成本的一个重要部分，是为了养育子女所耗费时间的机会成本，这又与妇女受教育的程度密切相关——女性受教育程度越高，为了生孩子和养育孩子所放弃的收入就越多。然而，现在的中国，又是教育方面性别差距最小的国家之一，数据显示，2015 年 47.5% 的大学本科、研究生毕业生为女性。这说明，中国女性为了孩子所放弃的收入是最高的。

在如今就业竞争十分激烈的情况下，像罗子君那样多年不工作的人，实际上是很难胜任咨询行业的；是的，就算走后门，有靠山，进去之后，也是靠实力说话的，分分钟被人扒皮。因为一个十年来一直在学习、思考、在某个行业深耕的职场人士，思维方式、学习能力，甚至连大脑的生理变化，都与十年在家养尊处优、不过脑子的全职主妇不一样了；唐晶与罗子君在生活中其实是很难成为朋友的。

脑科学最新研究成果表明，因学习而产生的“西塔波”（脑电波）可以促进脑神经细胞生成，从而使大脑越用越灵；人在学习的时候，掌握规律后就会越学越快。更不必说这十年间积累起来的各种社会资源、思想资源和思维方式了。

这说明了什么？

一方面，即便只是做三两年的全职主妇，职业生涯的中断，也是有一定伤害的；意味着你的思维能力、资源积累中断了，甚至清零了。你需要付出更多的努力、更多的时间重建；如果停滞的时间更长些，比如七年、十年，人的思维惯性形成后，就很难适应工作的语境了。

另一方面更重要：即便同样在上班，从事高竞争、高挑战、回报也高的岗位，收获的不仅是金钱，还有全面的成长；强者会更强。而为了从事重复的、琐碎的家庭事务而放弃了晋升竞争、职场压力，选择轻松工作的那一方，脑子会用得越来越少，刺激得越来越少，应对复杂问题的能力会退化。强与弱之间的差距就会越来越大。

这也是为什么在上面的数据当中，男女薪酬差距会越拉越大。

在一个家庭当中，事业强的人，不仅能力强、赚钱多，在家庭生活中有绝对话语权；而且，一旦有了外心，想转移财产，脑子也比家庭主妇们灵光一百倍。经常看到有人说：男人出轨？让他净身出户！我听了就觉得好笑。这是完全不懂法。再说了，你一个朝九晚五打个卡就算上班、主职是照顾家人饮食起居、很少动脑的人，怎么能跟人家硬碰硬赚钱的人比赛处置财产的能力？要是对方德行差点，不仅能让你一分不得，可能你欠一屁股债自己还不知道怎么回事呢。

从这点来说，陈俊生已经不算不厚道了。

在我看来，女性为照顾家庭放弃工作，或者选择低薪低竞争的工作，是很可惜的，尤其是众多有高学历的女性。因为她们错过的，不仅是财产权和家庭的主导权，还是自我的全面成长。后者，是再“有良心”的男人也给不了你的。

中国女性的勤劳真是举世无双，不仅有着全世界最高的就业率，还养育了全世界最多的人口，但社会地位近年来却节节下跌。这也与整个社会的女性领导者太少、在各行各业具备议价能力的女性都很少有一定关系。还是那个问题：中国女性不缺工作，但缺好工作。

等什么时候，无论哪个行业，全是女人，跟全是男人一样，都是一个常态，那就是平等了。

“女性天生不如男”，不只是谷歌工程师一个人的看法

> 简单地说，体力不体力根本不是问题，只要是在人们所在的阶层当中收入相对较好的那些工作，就很难轮得到女人。但一旦这行不赚钱了，女人就能顶上了。

*

2017 年 8 月，谷歌一名工程师在公司内部讨论区发表了一篇涉嫌性别歧视的内部备忘录，该文迅速流传开来并引发讨论。

谷歌的软件工程师 James Damore 发表了一篇长文，批判谷歌把更多的女性和少数群体纳入工作团队和领导层。Damore 后来被谷歌开除，谷歌执行长 Sundar Pichai 对 Damore 发表声明，称其文章的部分内容违反谷歌的行为准则，因为他“推动具有伤害性的性别刻板形象”。

Damore 在 2013 年获得哈佛大学系统生物学硕士学位，然而，尽管他曾在哈佛大学继续攻读了两年博士，但并没有获得哈佛大学的博士学位。并且，他还曾因歧视言论被哈佛通报批评。

他的题为《谷歌意识形态回音室》的长达十页的文章提到：

男女在生物学上的差异决定了女性在编程上的效率显然要低于男性，公司不应积极提高员工的多样性。

这些差别也是我们在技术岗和领导层看不到一半女性的原因，我们不应该把性别差异看作性别歧视。

谷歌公司没有必要扩招女性软件工程师，因为男性在这个行业拥有更高、更强大的驱动力，公司招聘更多女性科技从业者，公司的竞争力就会被削弱得更厉害。

……

这件事情的开端是 2014 年，谷歌高调宣称三年内将投入 5000 万美元，吸引年轻女性学习编程。这是一件很有价值的事，但却引起了这位工程师的不满。

这些论调，是不是经常听说？我敢说，即便在美国这么“政治正确”的地方，恐怕这也是不少人心中的真实看法，只不过他们不敢说出来罢了。Damore 的言论出来之后博得不少同情，甚至马上就有维基百科向他伸出了工作的橄榄枝。

二

谷歌炒掉发表“女性不适合编程”言论的工程师，这件事情引起了很多争议。争议集中在两方面：一是，因为歧视言论而把人炒鱿鱼，是不是破坏了言论自由？二是，是不是女性真的不适合编程？是不是真的男女有别，有些工作应该男人做、有些工作应该女人做？

第一个问题，有不少专家已谈过，我这里就援引他们的说法：“《商业内幕》的专栏作家 Jim Edwards 发文表示，谷歌解雇发表‘反多样性’言论的 Damore 实际上并没有侵犯他个人的言论自由权利。”文章援引洛杉矶加大（UCLA）法律教授弗洛赫（Eugene Volohk）对评论自由的阐释：“言论自由的权利是保护个人免于政府的钳制，而非公司对员工言论的钳制；Damore 想要使用言论自由提告谷歌，阻力很大。”（引自 @PingWest《女子编程真的不如男？真相告诉我们这不过是直男癌的自嗨》）

歧视的言论是以伤害一部分人为前提的，并不是简单的观点之争。企业也不同于政府部门，他们有权与不合乎自己要求的员工解约。当然，员工不服也可以提请仲裁，这些都是在法律框架内完成的。再来看，当事工程师 Damore 这段闪闪发光的话有道理吗：

> 男女在部分领域的表现与能力不同，是由生理差异决定的。而这也能够解释，为何我们无法在科技业与领导阶层看见和男性一样数量的女性。

实际上，早期是有不少女性程序员的。ENIAC（Electronic

Numeral Integrator and Computer）上第一批“计算员”就是 Kay McNulty 等六位女士，人们通过她们获得了第一个软件应用程序并且学习到了编程的第一课；Jean E. Sammet 负责第一个计算机语言的开发工作；Hopper 是第一批女程序员、第一个从耶鲁大学获得数学博士学位的女性、第一个获得上将军衔的女性，1952 年就发明了第一个计算机编译器，还开发了 COBOL（Common Business Oriented Language）；此外，还有图灵奖获得者 Frances Allen，等等。

那为什么现在程序员的总数男性比女性多得多？目前在美国，仅 18% 的计算机学位由女性获得。是因为男性聪明所以适合做程序员，女性不够聪明，所以不适合吗？

实际上，这是倒因为果了。因为这个社会不鼓励女性学理科，不鼓励女性当程序员，在录取、升职、同工同酬上刻意地限制了她们，才导致女性程序员比较少。

如果按“这个领域女性少，证明女性没有能力在这个领域干”的逻辑，同样我也能说这一两百年来的科学家绝大部分都是男性，说明了女性根本不适合搞科学；中国几千年来都没有哪个女人当上进士、状元，也没有女人进入翰林院，更没有三公九卿，这些全都证明女人不适合读书，不适合当官。

显然不对。因为女性有受教育的机会，还是这一百年来的事。即便上了学，传统观点还是认为女性读书是为了更好地嫁人，而不是用来工作。你能想象吗？一百年前，中国的女性还在裹小脚呢，还不能上学、读书、工作呢。“女子无才便是德”，女人一出生就学习绣花、织布，一个接一个地生孩子、带孩子；禁止她们读书、更绝无可能赶考，怎么当进士，怎么当状元？

现代的教育给了女性很多改变命运的机会。不过，传统观念作祟，我们从小开始就被灌输，成绩再好的女孩子青春期后成绩都会变差，或者女孩子只适合死记硬背，不适合独立思考。总有这样或那样的刻板印象和偏见。

女性用一百年完成了男性几千年来走的路，已经很不容易了。

就以最常见的“女性适合读文科；文科是读不了理科的人才去念的”为例吧。《中国妇女报·中国女网》记者梳理 30 个省、自治区、直辖市近三年的高考状元性别比例，发现：

170 余名各省区市高考状元中，女生所占比例达 51% 左右。值得注意的是，各省区市理科状元中，女生和男生人数比约为 3 ∶ 5，较之前相比有了一定提升，女生的理科天赋越来越突出。同时，不仅学习好，多样的兴趣、特长、能力等综合素质也是这些女生的特点。

再比如，2017 年贵州的理科高考状元一男一女，女生的数学分数比男生的高出 10 分；广东省 7 年内 17 个全省第一名中，女生占七成。

不是说女性不适合理科吗？从智力上来说，差异不在于男和女，而在于是否给两者提供了同样的教育理念、两者是否被公平对待。

二

工程师 Damore 还说：

> 为什么我们没有看到女性担任高层领导职位，但是我们从不问为什么在这些工作中看到这么多男人。这些工作往往需要又长又紧张的工作时间，如果你想要平衡而充实的生活，这可能是不值得的。

表面上的意思是，这些工作很辛苦、很紧张，我们很怜香惜玉，苦活累活我们男人来干吧。但实际上的含义则是：这些工作是成长性高、薪酬高、不可替代性强、升迁快、有前途的岗位，适合我们男人；你们女人还是好好做那些安稳、舒适又薪酬低的工作吧。那更适合你们。

经常有人说，女人既要享受权利，又不想承担义务。其实解决这个问题很简单：不要照顾女性了，像编程这些你们觉得很辛苦的工作，像派驻国外、主掌一方、当总裁这些劳心劳力的工作，交给女人来吧，不用怜香惜玉。而待在家里照顾小孩、做家务，这些让女性舒服地享受生活的方式，男性可以多去从事，女性并不稀罕占这个便宜。

这个案例到了中国，同情 Damore 者众；知乎上多个回答就认为女性就是不适合编程。言论认为："女权主义要的是特权！她们为什么认为自己适合做'高薪、体面、舒适'的工作？为什么不说女性适合下煤矿挖煤、下工地搬砖？"

感谢这种赤裸裸不加掩饰的说法，让我找到了靶子。这充分证明了他们认为"高薪、体面、舒服的工作"就应该是男性的专利，这种"特权"不应该轮到女性手中；否则就是"谷歌在作恶"。

至于为什么说女性不适合挖煤、搬砖？这回他完全搞错了。坦白说，在赤贫的阶层里，挖煤、搬砖这种工作，不管是不是重体力，只要收入稍微比其他工种高一点儿，女性也非常渴望能轮得到啊；可男性已垄断了。二十世纪八九十年代，矿工收入相对来说很高，是非常吃香的，根本没有女人的份儿；只在有些地方男矿工遇难之后，才让其妻子顶上。不过，现在搬砖的劳动单价越来越便宜了，我们才会经常看到新闻图片和报道，搬砖的画面中出现了妇女、儿童满脸黧黑的身影。

还有，在城市里，像快递这些"辛苦"的工作，你以为女人不想干吗？但因为收入略高，基本上也是男性霸占了。反而是在快递中心分拣处等比送快递更费体力的部门里，有不少女性。还有，以前的很多女性挑夫、女性拉纤、女性码头工，干的是最重的体力活，有问题吗?

简单地说，体力不体力根本不是问题，只要是在他们所在的阶层当中收入相对较好的那些工作，就很难轮得到女人。但一旦这行不赚钱了，女人就能顶上了。这不是基于能力的考量，这就是歧视。

相信我，现在的工业化程度高，真正重体力到没有女性能胜任的工作，同样也能淘汰绝大部分瘦弱的男性了；重体力到严重损害女性身体的工作，同样也会严重损害男性身体——就工作来说，男女的差异，不管是智力还是体力都是非常小的。

性别因素的影响，要远远小于个人差异的影响。男性一直以来享有种种特权而不自知，视为理所当然；但当女性只是想要求跟他们一样的时候，他们就认为女性想要“特权”了。

其实，只要把性别转换一下，就知道这一套是多么荒谬了。

隐瞒怀孕，谁在背后真正得到好处？

> 国家请客，企业买单。孕产妇由付薪酬的职场上，转移到了不付薪酬的家庭劳作上，事情没少干，但收入明显减少了。

*

孙小姐在招聘会上看到张先生公司招聘文员的信息，随后来面试并顺利通过。面试时，在说到婚育情况时，孙小姐强调自己刚从广东来宁波，并没有结婚，短期内也不打算结婚。孙小姐随后就跟公司签订了劳动合同。

可是，才入职三天，孙小姐就告诉主管自己怀孕了，要保胎休息。怀孕期间，因为种种原因，她经常请假。而公司照样给她发工资，缴纳社保，并派人在她产后去探望。没想到，产假一结束，孙小姐就打电话来说辞职不干了。

这则新闻看似没有什么爆点，但旋即就引起网络上的很大反响。并不是因为这个事件有多极端，而恰恰是因为，孙小姐的这种“隐瞒怀孕”，屡见不鲜，成为大家集体吐槽的对象。

社会的这种过敏反应没错。确实，这跟每个职场人士都密切相关，它关系到以后对女性雇员的雇用是否采用更多的审查方式，是否进一步限制女性进入职场。

二

这个孙小姐入职三天就保胎休息，经常请假，一休完产假就辞职。这种权利是受到法律保护的。《劳动合同法》和《妇女权益保障法》等法律法规，都有在女职工孕期、产期、哺乳期内，用人单位不得解除劳动合同等内容。《女职工劳动保护特别规定》第 5 条还明确，“用人单位不得因女职工怀孕、生育、哺乳降低其工资”，一个合规范的公司，应对其工资照发、社保照交。但孙小姐隐瞒怀孕情况入职，不诚信，能否成为公司合法解除劳动合同的理由呢？答案是，不能。类似的判例已有过，仲裁机构认定，这种情况下，哪怕女士隐瞒了怀孕事实，但该行为不构成以欺诈手段使对方在违背真实意思的情况下订立劳动合同，也就是签合同时公司代表的意愿是真实的，合同依然有效。

雇用这一类“隐孕”女员工的公司，只能吃哑巴亏。女员工没有来得及提供服务，公司就已为她补贴上了很多工资和福利，却得不到回报；法律也不能给予支持。如果你是公司领导，你会从这个损失中吸取怎样的教训？

首先，公司以后会进一步严格限定对女员工的招聘，要求签订

“女性三年 / 五年内不得怀孕”之类的条款；事实上，我知道很早就有单位和企业这么干了。或者，要求女性员工“备孕”前必须上报，必须由集体统一安排怀孕周期，否则人手不够，不能准假。不少学校或女员工多的企业，也这么干了。

接着，公司发现，这种合同仍然阻止不了某些女员工，如开篇提到的孙小姐，隐瞒怀孕，或不按照“约定”来怀孕，公司还是“吃了亏”；于是乎，公司就规定，能不招女员工就尽量不招。

女性的就业本来就比较艰难，这样一来，路就更窄了。有些女性钻了制度的空隙，让循规蹈矩的企业背了锅，也堵死了别的女性的道路。

虽然有些女性强硬地说：“我生完了再去就业！我生完二胎再找工作！我签字保证不生育！”——但是，如果是前两者，你那时的年龄已经不算太小了，企业还一如既往地愿意雇用你？企业是否相信你愿意减少照顾孩子的时间全情投入工作？如果是后者，员工改变主意太容易了，企业没必要冒这个险。

企业甚至懒得投入时间去甄别哪些女性可能会怀孕、哪些暂时不会，那还是要人力成本的；他们干脆一刀切，所有女性都不招了。

这也就是舆论场中对类似“孙小姐”这样的女性的愤怒。男性讨厌这种女人占了公司的岗位和资源；而女性更是不满，因为这会用全体女性的诚信为她一个人背锅。

二

但凡有人利益受损，往往意味着有人从中获益。我们不应该仅仅看到利益受损的“企业”，以及与此事不相关的女性宏观上的职场地位；还应该看到，有谁在这种“隐瞒怀孕”事件中获益。

实际上，“隐孕”的“孙小姐”只是这个获益链条上的第一个环节。她本身真的得到好处了吗？并没有。她是真实地在怀孕，她从职场上偷来的懒，都用在养育胎儿上了。她只是把丈夫不会支付酬劳的那部分家务劳动、育儿劳动的成本，偷偷地转嫁到企业上罢了。也就是说，真正从女方企业中获益的这个身份，不是这个孙小姐，而是她的丈夫，她的夫家。

男性如果愤慨企业招了“不干活”的孕妇，也可以想一想，当你的妻子可以拿着福利不上班在家养胎、照顾新生婴儿的时候，是不是感觉很放心？是不是觉得省了好多保姆费或者请爹妈来照顾的金钱和精力？

一般来说，国家规定，“女员工生育享受不少于 90 天的产假，包括 15 天的预产假”。这个假期会根据具体的情况有所增加。但总的来说，以前明文规定的假期很少超过半年，国家的生育福利政策以及企业的福利措施，可以对这一部分进行覆盖，职业女性可以得到一定保障；同时，企业为女性付出的福利成本并不大，这也是社会责任的合理部分。

生孩子这个过程，时间很短，对女性职业生涯的影响并不大。影响大的是什么呢？养育孩子的过程。

如果把养育孩子这件事默认为以女性为主，男性只是个小帮手甚至完全不重要；那么，就会非常明显地影响女性的工作。如果默认女性应该把家庭责任排在工作职责之前，默认女性就应该找那种轻松的、稳定的、便于“偷懒”的工作来照顾家庭，那就是“丈夫”用女方企业的工资来给女方支付家庭劳动的薪酬了。女性本身并没有占到便宜，她仍然是在进行家庭和生育事务的劳作。

如果没有这种“默认”，情况会变成什么样？我想起我一位好朋友。她在生下小宝宝没多久就去上班了。在她的儿子九个月的时候，她接到猎头的邀请，去外地一家同类公司，可以拿到三倍以上的薪水，连跳两级，职业前途一片光明。但这样她就要离开还在哺乳期的孩子了。

她挣扎了没多久，毅然给儿子断奶，去了外地。几年后，她换了若干个公司，职位越跳越高，现在已经是一家大公司的副总裁了。

请问，有多少女性能够做到在哺乳期，去三千公里以外的城市，重新开启自己完全不熟悉的职业生涯？听她说着新公司的复杂人事、经常工作到凌晨一点、想孩子想到哭——设身处地，可能我都不一定有这种勇气。我非常钦佩她。

但如果同样的情况，男性大概普遍都会义无反顾吧，因为小孩有妻子在照顾呢。

正是因为在事业黄金期（二十七八岁到三十七八岁之间），默认女性必须承担养育孩子的重大责任，在工作与生育有冲突时优先考虑家庭，所以女性一再地错过事业发展机会，或者主动退出竞争，导致在职场上的竞争力严重不足。这都是有一系列因果关系的。

而男性从来不必须在事业与家庭之间平衡。

相信你听过这种说法："别看女孩子读书厉害，在大学里很能干；但工作以后，她们就后劲不足了，就是男人的天下了。"难道，每家公司都有个仪器能把雌性的智商吸走吗？当然不是。就是因为默认女性要优先考虑家庭、让渡事业竞争的权利。这种时候，男性就可以占领职场了。

说回我的那位女友吧。她曾跟我抱怨："我已经很久没有跟女人说话了。"为什么？因为她的上司是男性，同级的高管是男性，下属是男性；合作公司的中高层也全都是男性；连出去开行业会议，也几乎只有男性。

只有比她低好几级的下属里才会有女职员，她们还不能直接跟她对话。

这才是这个社会的真实现状。

也许，多年前的那一类猎头的机会，不是只向她一个人敞开；但没有几个女性，能够牺牲家庭的利益去实现职场理想。摆脱成见本来就很难。

当然，我不是说所有女性都应该这样；但男性能做到的，女性也应该做到。男性可以把事业放在家庭之前，女性也可以。而这，是有前提的。男女同休产假就是职场上男女平等的方法之一。在性别最平等的瑞典等北欧国家，男性是强制休产假的。既然男女同休，企业根本没有必要实行性别歧视。

还有，推动女性怀孕生子、多照顾家庭，另一个获益者是国家。前几年，人口学家论证了一番中国的人口结构有问题，现在需要大家努力生孩子，未来国家才能有足够的劳动力，才能够欣欣向荣。于是，迅速放开二胎之后，各项政策都在指向生！生！生！每个地方都在出台各种各样的政策，包括产假延长到九个月、一年，还要求企业给予孕妇各种各样的便利、补贴；让女性回家，以便更好地养育祖国的花骨朵们……

国家请客，企业买单。得益的是社会的人口结构改善，受损的是企业要为二三十年之后社会的隐性改良而在当下真金白银地买单。企业不愿意，也是理所当然的。

这些所谓给女性的福利，在没能实现性别平等之前，红利全部都返回男权社会了。孕产妇，是由付薪酬的职场上，转移到了不付薪酬的家庭劳作上了，事情没少干，但收入明显减少了。就像这个“孙小姐”，千方百计薅公司的羊毛，不过是男权思想浓重的女性，在维护夫家和男权的利益。

促进生二胎政策出来之后，女性的职场之路、人生之路是越走越窄了。“隐孕”只是一种比较抢眼的例子而已；没有这些个案，女性同样举步维艰。孙小姐，只是大家不好骂社会、不好骂男权家庭之时，竖起来的一个方便的靶子罢了。

别说中年少女了，老年少女也无所谓啊！

> 如果年轻的时候还不够了解自己，还没来得及设计和安排自己的人生，不要紧的，三十五岁、四十五岁重新开始吧。

*

悲伤地发现，现在凭空出现了“佛系女孩”和“中年少女”两大流派。

实在没有办法，第一批90后都已经出家，第一批90后都已经秃发，第一批90后冬天再也不敢光着脚脖子；80后不就已经步入中老年了吗?

已经秃了、出家了、离婚了的90后，有你吗?

佛系女孩，代表一种不以物喜、不以己悲，一切随缘的生活态度。“都行”“可以”“没关系”，成了口头禅。有也行，没有也行，不争不抢，不求输赢。

而另一大流行“中年少女”的特征复杂一点，用“我和我最后的倔强”，挽留最后一点青春的影子。不服气，不服输。主要特征据说就是：

1. 喜欢粉色

2. 脱发掉发

3. 爱逛淘宝

4. 开始养生

5. 开始认真护肤

6. 开始注重品质

7. 努力赚钱

8. 想和小鲜肉恋爱

这大概是女性的两种极端形态吧。

“佛系女孩”是涣散松懈的，“中年少女”是竭尽全力的。

大家免不了纷纷对号入座，看看自己符合哪几条。我还好，没有几条撞枪口上，不知是说明我还不够“中年”，还是不够“少女”，或者是，还不够拼？

隔三岔五，就会冒出一些新概念，对人群进行趣味上、风格上的划分，比如曾被大家讨论得热火朝天的“油腻中年男”“油腻中年女”。

油腻，当然不是指单纯的身材发福、谢顶、蓬头垢面，或者戴着手串、玩着蜜蜡这些外在的东西，它是更深层次的、对掌握着社会资源的中年人的一种鄙夷和唾弃。

这是一种富余得泛油的感觉，往往带着居高临下的、扬扬自得的、过于良好的自我感觉。而且，它还用它的优越感来影响别人。如果出现在中年女性身上，油腻的表现方式常是喜欢干预别人的生活，问你："多大啦，怎么还不结婚""女人就该好好服侍公婆""啥时生孩子啊，不生二胎不完整"……

谢天谢地，现在大家都意识到这个问题了，都不想沦为油腻的一代人。"不关你事""不关我事"常挂在嘴边。

少点在乎别人的看法，不随便干涉别人，是现代社会的基本准则。所以，不管是"佛系女孩"的懒惰和随性，还是"中年少女"的花痴和昂扬，都是一个人的自嗨；从这个意义上说，两种都不错。

不过，比起那种啥都"随便"、啥都"无所谓"的人，我更关注"中年少女"。就是那种强行装嫩、不想按"什么年龄做什么事"的牌理出牌的女人。

请忽略上文一开始给出来的标签。"开始注重品质""开始认真护肤"之类的皮相，只不过是年轻时没钱，到了不那么年轻时，才能自己赚到足够的钱来注重品质罢了。真正的"中年少女"并不多见，那是心口一个"勇"字的女人，随时都敢于改变自己的生活。

说到中年少女，我就忍不住想起了日剧《东京女子图鉴》。

剧终的时候，女主角绫四十岁，有点钱，和小鲜肉谈着恋爱，头上戴着一个花发箍，打扮精致，保养得宜，可不就是妥妥的"中年少女"？仅仅是外表，岂不正是广大女性梦想的形象？

再进一步看，更有意思了：

东京女子绫，从一个小地方、普通大学来到东京拼搏，从文员做到国际大品牌公关，在一步步往上爬这个过程中，她找过普通的门当户对的小男生，但又为了更好的人生抛弃了男友、去当别人的小三；被分手后，找了中产男当老公；等她自己事业有成之后，选择离婚，重新开始，又开始睡小男生了。

每个人都能从这个故事中找到自己想要的含义。不仅仅是东京女子，北京女子、上海女子，等等，都一样；如果不是含着金汤匙出世的世家子女，你要得到一些，就必须放弃一些，包括你的安稳到死的生活，包括你那一成不变、一眼看得到他六十岁模样的男友。

如果要我总结，中年少女的特点在于：一直野心勃勃，一直充满欲望，总是渴望改变。

就像《东京女子图鉴》里最后的那句话：

“一起加油吧！因为想得到的东西还有很多！”

这样的人生充满斗志，像十八岁一样，以为这个世界还是对她充满善意的。

我一直鼓励女性要独立，要勇于为自己负责任。但是，抱歉，我举出的却是一个不算成功的例子。绫始终未能得到她想要得到的生活。她更想要一段既能使生活富足又有情调的爱情。

但现实告诉她，在人生奋斗的过程当中，普通人的先天资质都是有限的，你得到了生活富足，你就得不到爱情；你保有了最初的爱情，你就得永远贫困，也许旋即还会失去爱。

有所得，就必有所弃。

莫非，独立坚强的女性最好的结果也不过就是像绫一样，事业成功，却翻来覆去找不到爱人，内心无法安宁？

这未免让人觉得荒芜。

是的，再努力，要跟现实这个怪兽作对，仅仅凭着胸口的一腔热血，同样也有可能失败，或者不那么成功。

你不仅要看到像张曼玉那样的巨星人生登顶，像许晴那样人到中年还是美美的公主，像林心如那样事业有成之后 40 岁找到最帅的男星结婚……你也要看到，你可能像绫一样，选择了一条充满荆棘的路，付出了最大的努力，人生仍然充满缺憾。

这个世界远远没有公平到能够让每片耕耘的田地都结满硕果。

即便如此，我也乐意啊。能为自己的人生负全责，就比浑浑噩噩地活着好。像绫那样，四十岁了还战斗力满格，至少比二十五岁就认为“我的人生也就这样了”更棒。

相比之下，“佛系女孩”——离我有点远。随和，随便，与世无争；冲淡、平和，人淡如菊——总之，就是尽可能减少存在感。这个选项对我来说是不存在的。

如果年轻的时候还不够了解自己，还没来得及设计和安排自己的人生，不要紧的，三十五岁、四十五岁重新开始吧。

别说中年少女了，老年少女也无所谓啊。

辑四

婚姻里，不能只尽义务不要权利

全职主妇的劳动，得到承认了吗？她们能从制度的层面获得保障，而不是靠男人获得安全感吗？女性有选择自己生活方式的自由，但这种选择是自我意志的选择呢，还是信息被遮蔽之后的不对等的无奈？

男人们逃避的是生活还是别的什么？

> 连多说几句话都嫌烦，抬头看一眼妻子都反感，却被美其名曰“过日子”，这应该是“日子”被黑得最惨的一次吧？

*

日本有一种“居酒屋文化”，指的是，日本男人下班后不直接回家，先到居酒屋喝一杯。居酒屋的主顾都是附近的公司男白领，一般都喝到很晚。那也是日本男性文化的一个象征。为什么呢？因为在普通日本女人眼里，男人回家越晚代表越忙，越忙就代表男人在仕途上越有出息。

说白一点，就是男人越不顾家，女人越认为他能干。这种看法在日本已约定俗成。日本真不愧为男女平等程度排名第 114 位的国家啊！［据世界经济论坛（WEF）的《2017 年全球性别差距报告》，共有 144 个国家作为调查对象，中国排名第 100 位。］

不过，在生活已经安稳下来的中国城市家庭里，也有了类似趋势。

一

《界面》刊发过一篇文章《有些男人靠开滴滴来逃避生活》，文中的男人跟每天待在居酒屋里无所事事的日本男人有异曲同工之妙。这并不是一个新闻报道，只是一些琐记。在大城市里，有这样一些男性，既不缺钱，也非出于必要，但在下班之余，开着宝马或奥迪A8去当滴滴司机。他们是为了逃避回家，不想回去见到妻子和孩子。其中有一位表示，下班后和节假日开滴滴，直到妻子睡了才回家。每月能带来3500元纯收入，少的时候每月也就挣2000元左右。他们显然不是为了挣钱。

另一些例子中，有些人下班后早早就回去了，到家后也不下车，就在地下车库里吃果冻，一直吃到电瓶没电。还有人跟孩子解释，待在车库里是为了在汽车广播里听完十点半的相声节目，而实际上根本没有这档节目。

在我看来，这比出轨还要可怕。

婚姻与家庭对这样的男人来说，已经等同于坐牢了，他们宁愿去开出租车放风，宁愿待在地下车库里几个小时，也不愿意面对妻儿。

按男权社会的逻辑来说，他们不屑与家人交流，是不是因为他们壮志未酬、男人的世界女人不懂？可惜，他们正是这个社会的loser——不管是不是有钱。他们的“壮志”也就仅止于开出租车，坐在地下车库里吃零食、听广播。

有某个降噪耳机的广告文案曾经疯传，原文如下：

它有多安静我来描述一下：

孩子数学成绩不好；你在银行做经理，维护客户关系，不上不下有房贷和车贷，每月按揭五千；老婆在市人民医院做护士，她妈有尿毒症透析多年；老婆不爱你。

你年轻的时候觉得能成一番事业。但现在也就这样，朋友们混得都比你好。

你下班在车库停稳车，关掉引擎，“呜”一声安静了下来。太安静了，你生命中少有这么安静的时刻。你打算发十分钟呆再上楼吃饭。

这种十分钟的逃避，我很能理解。毕竟每个人都有虚弱的时候。而故事中这位男士的妻子，这些虱子一样的烦恼压在她的头上，更直接，更难受。但一个“不爱”，道出了这种婚姻的实质：没有感情，也就没了交流的必要与可能，大家只能捆绑在一起，互相折磨。

二

2017 年，一档叫作《妈妈是超人》的节目也引起了很多争议。

尤其是伊能静，更是集中吸引了最多炮火。不是因为她做得不好，而是因为她太强大了，太执着了，太符合“超人妈妈”的要求了。所有的事她都一个人干，紧张得不行。她一个人带着一个婴儿坐飞机到上海，虽然很累了，还是一刻都没休息，把所有的行李打开整理好、跪着擦干净地板、帮宝宝布置婴儿空间、去菜场大采购、为老公下厨做大餐、为宝宝做辅食。一直忙到老公和孩子都睡了之后，她才有空去医院看看自己肿得睁不开的眼睛，看看出了什么问题。那时，忙了一天的她都没来得及吃一口东西。

而秦昊，一直在旁边打游戏。他勉强地带着孩子也屡屡出情况：孩子如果在他怀里哭闹，他简直就觉得自己抱了个定时炸弹，一脸的生无可恋。他只说：“能力有限，只能给孩子这么多爱……”说得好像带孩子他天生就不懂，而打《王者荣耀》他天生就懂似的。

伊能静想跟他交流感情、勾起美好回忆的时候，秦昊不是自顾自地玩手机，就是无奈地说：“我觉得你是在讲相声，而我是在过日子。”

这不就是一个中国版的《绝望主妇》吗？

更有意思的是，伊能静在看到网友对秦昊的负面评价时非常生气，觉得丈夫很好、很顾家，是网友在诋毁他们一家。

她要是不辩解还好，这种辩白之后，就更像我们常见的一种情形了：妻子倾诉婚姻中自己的辛苦与烦恼，默默地流泪；旁观者看不过眼、批评丈夫不对，这位妻子立马站在丈夫的立场上说：我的丈夫什么都好、对我也很好，你们是在挑拨离间！

这就是这么多千疮百孔的婚姻，都毫无改善地延续下去的原因：一个愿打、一个愿挨。

不要觉得这很“极端”。像秦昊那样的丈夫，有事业、顾家、无二心、无恶习，是个“能过日子”的人……按现行的婚姻观念而言，不仅没有问题，简直是非常优秀了。然而，看评论，很多女性在细看这个节目之后，都感觉很难受。因为大家都发现了，在家庭生活中，他对妻子和自己的孩子，主要就是敷衍和懒得敷衍两种态度。他的魂灵是飘浮在外的，人在，心不在。

没有激情、没有爱的“平平淡淡”，就必然如此。这种“过日子”，大概就是许多人口中婚姻应有的模样吧。

我经常见到的一种情形是，那些“过日子”的“好男人”，他们在外面并没有别的女人，但他们厌恶妻子、讨厌这个家，却不得不小心翼翼地把这种情绪藏起来。是他们的妻子做错了什么吗？她们做错了，错在把精力都投入家庭与婚姻中，把感情看得很重要，希望有爱情、有沟通、有温度。而正是这些，使“好男人”很烦、很害怕，觉得女人“很作”“很幼稚”。

——谁面对不喜欢的人的纠缠，不是这种态度呢？

《人民的名义》里，人们最爱的达康书记，也有着典型的中国式婚姻：自己忙于工作，将一应家庭事务全部丢给妻子。妻子欧阳菁喜欢看韩剧，对浪漫还有所憧憬，一次次试图和丈夫沟通，但是丈夫根本不给她任何机会。欧阳菁对婚姻的基本要求，被剧中人一次又一次地批为幼稚、不合时宜，因为浪漫是少女们的事，成熟女人没有资格要浪漫。

“结婚之后，爱情就变成了亲情”“平平淡淡才是真”“婚姻就是过日子”这种话，都是一派胡言。连多说几句话都嫌烦，抬头看一眼妻子都反感，却被美其名曰“过日子”，这应该是“日子”被黑得最惨的一次吧？可事实上，平淡得“就像左手摸右手”的婚姻，正是这种传统婚姻价值观的理想。

讲真，这样的“平淡”婚姻，有存在的必要吗？女人变成了“绝望主妇”，让她们难过的不仅是繁忙的家务和照顾孩子，还有她们想要“爱”的行为都被认定为错误。对于男人来说，这样的家庭也不能给他提供价值：为了逃避交流和感情，他们不得不流连在居酒屋里、滴滴车里、地下停车库里，现在还可以流连在手机游戏里——总之，就是有家难归。

这种没有感情、不想沟通与交流，甚至不想看见对方的婚姻，被赞美成“过日子”；这种所谓的“理想婚姻”，不是监狱是什么？

这对女人不公平，对男人同样不公平。

油腻中年猥琐男的对面，是一个个无趣的中年性冷淡女

> 情感沟通，只有在相爱的人之间才能进行；你们一对没有爱情的夫妻，沟通个啥？

*

作家冯唐写过一篇《如何避免做一个油腻的中年猥琐男》，曾引发朋友圈刷屏。这篇文章，大概是呼应微博上的一个“中年男性去油腻步骤”的热帖的。不管是微博段子，还是冯唐大作，铺陈多少条，其核心很简单：

一是指向外形，包括要进行身材管理，要么运动，要么吃得健康；打扮上不要丑，一般来说，唐装、僧袍、瓢虫状中式对襟是重灾区，硕大手串和天价玛瑙天珠也是灾难片。

一是指向行为，比如不要自以为是，不要好为人师，不要故意炫耀。再比如不要四处泡小姑娘，秃毛的老孔雀还四处开屏，很烦人的。

细节，可以无限地补充，越有画面感，越能博得大家会心一笑。

当然会有很多人不服。凭什么一次又一次地挖苦中年男人？假如男人挖苦“油腻”的中年女人，女权主义者们又说我们歧视了吧？又会炸了吧？这不公平。

说到这儿，我就笑了。类似的指指点点和行为规训，难道不是女性从一降生就承受着的吗？从小时候开始，女孩子就被教导：坐着就要膝盖并拢，站着就要亭亭玉立，不能疯玩儿疯跑；要矜持，要优雅；要学会做饭哟，否则以后长大了谁会要你；你要好好学习，否则没学历就嫁不到好人家儿了；你学习这么好有什么用，还不是要嫁人生小孩的；你虽然考研成绩第一，但我还是要招面试时排名第四第五的男生，更好用；女人毕业了要找那些安稳休闲一点的工作，以后好照顾家庭；你虽然业务能力出众，但是女人不适合出国外派；你虽然说不想生孩子，但女人哪个不生二胎的，你就别想升职了，好好备孕吧……

还有，女人留住男人的心不如留住男人的胃，怎么才能挽回丈夫的心，怎么不动声色地赶走小三，怎么打好婚姻保卫战，怎样兼顾事业与家庭，怎样处理好婆媳关系，当个辣妈还是当个虎妈……

这些是硬指标。

也可以来软的：女人要保养，三十岁以后哪有不打针还能永葆青春的；女人要对自己好一点儿，每周要做 facial、做 SPA、做各种深层护理，否则就是个野人；来来，这是某大牌新季全套 12 支不同颜色口红，满足你不同场合不同搭配；马甲线走起来！ A4 腰走起来！肩胛骨放硬币走起来！腰窝走起来！

现代的女性，每天都淹没在社会规则的训导、消费主义的规劝的汪洋大海当中，习以为常，不知疲倦了。各种规则，从女婴一出生就开始了，一直到老，还有人教你怎么当一个好婆婆，怎么当一个不给孩子添麻烦的妈，教训你，一直教训到你进棺材为止。

怎么，写一百万篇教训女人怎么做女人的文章，才出现一篇吐槽男人、教男人怎么做男人的文章，这样的比例，你们就受不了了？怎么不想想这个社会对女性指指点点的样子？

当然，我知道一定会有人写《如何避免做一个油腻的中年猥琐女》（已经有了）。写吧，为女人定制的各种鸡汤指导，每天都像海浪一样涌来，一浪接一浪的，多一篇不多，少一篇不少。我的内心毫无波澜。

二

我们心里默认，这里的“中年猥琐男”指的是事业上有点成功、有点地位的“精英人士”；或至少是自认为有地位、接近成功的那类人。那些失意大于得意的中年男、从不炫耀从不装人生导师揩小姑娘油的中年男，哪怕形象不佳，也谈不上“油腻”二字。

因为所谓的“油腻”，无非就是自我无限膨胀、对自己的魅力满意得都要溢出来的表现。这事作为谈资的要点就是该油腻男的外形与他对自己的性魅力的认知形成鲜明反差，这才好笑。

但中年女性，特别是那些有一定经济水平的城市女性，就没有什么毛病值得一提吗？就没有可笑之处吗？当然不可能。

我从来不双重标准，男性精英阶层存在着诸多错乱的价值观，与他们相对应的女性中产阶层，一定也有种种问题，因为他们互为夫妻。不可能中年男性浑身都是毛病，而他们的妻子的人性却洁白无瑕。——愿意跟品行不怎么样的人一起生活，本身就是一个道德缺陷了。

如果说形容这种中年男士的关键词是“油腻”，那么，中年女性的关键词则是“寡淡”，说得更明白一点，就是“性冷淡”。

中年男性的问题在于自大，中年女性的问题在于自卑；前者向外膨胀、有侵略性，故而油腻，矫正方法是不要向世界，尤其是小姑娘，展示你的尾羽；后者向内坍缩、瑟瑟缩缩，故而寡淡，矫正方法则是不要太局促于个人和家庭，而要多拥抱世界，向世界展现自己。

只不过，精英男士们内在的自信和膨胀，肯定不会因为看了点鸡汤就有所收敛的；那些明褒暗贬的小小挖苦，是能阻止他们融资，还是妨碍他们 IPO 来着？即便是听得入耳的鸡汤，也只能教他们稍微修饰一下羽毛，开屏的时候更讲究时机和技巧，与时俱进。

而中产女性的问题则更为复杂。就算能够做到较高的职位、挣的钱不少，也有了不俗的生活品位，多数人在面对家庭和两性关系时，还是免不了取悦型人格、服务型人格。

因为一直以来，针对女性的规训极多。哪怕女性读书、奋斗、能力强，也只是当作嫁妆，也只是为了更好地为男性、为家庭服务。

女性居于从属地位。

中年女性被公认的一个令人讨厌的特点就是，要么在外面抱怨老公、抱怨孩子、抱怨家庭，要么在外面晒恩爱、晒孩子——因为家庭生活对中年女性来说，比重实在是太大了，就像是珠穆朗玛峰一样巨大的存在，翻不过去。

但是，整天抱怨老婆抱怨孩子抱怨家庭，或者晒恩爱、晒孩子的男人都极少（通过在女孩面前抱怨老婆来泡妞的，是另一回事）。因为在社会的设定当中，家庭对男性的重要性不那么大。

对应的，中年男性的招人厌的特点是什么呢？就是渴望对年轻女孩撩骚。

这种对比，真是让人尴尬。

如果家庭对于丈夫和妻子的价值和重要性完全不一样，这样的婚姻质量是可想而知的。

我观察过很多妻子的抱怨，她们总是觉得跟丈夫无法进行沟通。另一方面，丈夫也觉得妻子特别烦，妻子一提沟通，他就觉得是要摊牌离婚了，一分钟都不想聊。为什么？因为，情感沟通只有在相爱的人之间才能进行。彼此相爱，才能坦诚地说，我是爱你的，但是我们某件事出了误会或者某件事情我们想法不一样，我们想好好处理，想好好相爱。一对没有爱情的夫妻，沟通个啥？难道坦诚地说：我就是不喜欢你，看到你的脸我就讨厌，听到你的声音我就想摔门出去？

以前有一本书叫作《男人来自火星，女人来自金星》。其实，我并不认为男女真有那么大的不同。但社会传统对男人和女人的规训是不一样的。他们鼓励男性有攻击性，有侵略性，尽可能地向外扩张自己的性魅力；但要求女人收敛、守住家庭、护犊、守贞，维护男性血统的纯洁性；现代社会，还要求优秀的女人为男人的经济发展贡献力量。

男女不同，不是天生的，而是后天的。

三

今时今日，能有一定社会地位的女性，多数智商并不低。丈夫是否优秀，是否与她真心相待，两人是否有相近的价值观，能否沟通，她怎么会不知道？具体的应对策略可能因人而异，不过，热脸是不会永远贴着冷屁股的，她也会调整心态。

有一个玩笑说：男人很专一，不管在什么年龄，都只喜欢 18 岁的女孩。其实这可能有两个原因，一个是 18 岁的女孩最美丽，过了 18 岁就老了，没那么水灵了。另一个是，这个年龄的女性社会经验少，心智不成熟，容易骗。等她成长了，有是非观念、不糊涂了，就没有那么容易跟男人走了。这对男性自信心来说当然是个打击，他们索性就说看不上她们好了。

人到中年，很多女性对自己的丈夫、对这个社会的男性，都会有相当清晰的认识；甚至对方背后有没有小动作、小暧昧，人品如何，心里是门儿清的。

我看到过一些关于中国女性的“性福指数调查报告”，比如中国妇女儿童事业发展中心、中国人口协会共同做的一次“女性性福”调查。整体来说，已婚女性对性生活的满意程度不高，“比较满意”和“很满意”的约占32%，“一般”加上“不满意”的占68%以上。

女性是不是真的认为性生活不重要呢？同一调查表明，64%的女性认为“对生活的影响大”。这种情况下，婚内女性能不性冷淡吗？

这个问题还挺普遍的。女性病理性的性冷淡少，也可以治；但心理性的性冷淡不是病，没法治。

从深层来说，这甚至不是抱怨丈夫的问题，不是对丈夫没有感情，换一个人就会好了的问题。我有一位职场上做得很好的女性朋友，三十来岁，她的抱怨是：现在，连想找一个暗恋的人都找不到。

这里并不涉及会不会被人喜欢，能不能在一起，而是连一个值得欣赏的异性都难以发现。因为太了解他们了。对他们的孔雀开屏、夸夸其谈、四处招摇，早已知之甚多。如果说以前小女生能力弱、只能接触到层次不高的男性，所以他们可能素质不高；那么，当人到中年了，女人奋斗到周围基本都是行业或地区的精英男性了，还只能旁观他们不高的素质，那才叫系统性的绝望。

当然，中国女性对男性的要求低。可以说，同床异梦、在婚内各种性冷淡……却不离婚，也是女人的过错。但外面的同龄男性也同样油腻啊。她们要面对的，是一个她们已丧失“性趣”的世界；不是对某一个人没“性趣”，而是对“性”没“性趣”。而没有“性”作为驱动力的世界，确实挺可悲的。

回想起来，中国传统对女性的规训是“弱、幼、白”，最好幼齿、漂亮又丰满，但又蠢又对性没有要求，这样的女孩才好控制，才不会对男性孱弱的性能力提要求。如今，多年以后的女性终于成功地泯灭了对性的兴趣了。油腻男与性冷淡女，感觉这个世界好和谐呢。

全职主妇不仅怕丈夫看不起自己，更怕孩子看不起

> 向职业女性要求承认“家务劳动也是劳动”有什么用？她的丈夫承认吗？法律保护吗？大众认同吗？她的财产权安然无恙吗？她一直都自信和有安全感吗？

*

看了《腾讯·大家》上的文章《做全职妈妈是没有追求的人生》（作者鞠白玉），很是感慨。其实全世界都一样。女性有子宫、能生孩子，这本来是个优势，是为人类繁衍和生产立下汗马功劳；结果社会的发展，却把女性的优势变成了对女性的惩罚：女性不得不付出牺牲自由、牺牲经济能力的巨大代价，去生育和抚养孩子，养育的孩子却是父权制度的继承人，没女人什么事。

女性的这种牺牲，不仅得不到承认，反而会被讥为“无能”。

进入现代社会之后，有效的法律和制度，会把抚养孩子的责任尽可能地平摊到父亲和母亲身上，让母亲也能脱身去工作、有一定的自由。可惜，这只是目标，现实中，哪个国家都达不到。而在中国，实际情况就更复杂了。

一

我在腾讯直播做了一档关于社会两性关系的节目“亲密客厅”，我的搭档是社会学系副教授、性学专家裴谕新。在直播当中，她谈到了她在做社会调研时听到的一个案例：

一位女性，结婚之后，便辞职照顾丈夫和孩子。但是，后来，她每次与丈夫上床，都要求丈夫必须给她 800 元。为什么？因为她没有钱；而他们的孩子有听力障碍要做大手术，丈夫觉得没必要治病，她却想治好孩子的病；她不得不通过向丈夫出卖身体，来换取孩子的手术费。

我就不多评价了，当时只听得浑身发冷。

没有收入来源的全职主妇，连给孩子治病，都要靠与丈夫做交易；我善意地相信这仅是一个个案。不过，我从另一个角度来思考，作为一个没有收入来源的全职主妇，想要做什么事情的话，不依仗丈夫的善心，她能有什么办法？有制度保护她吗？有法律保护她吗？

有一段时间，我发现在微博上有一个趋势：全职主妇与职业女性开始撕起来了。后来上天涯，发现天涯也新开了好多个帖子在互相指责，经常一吵就是几千上万个跟帖。

我想，这个问题早不争，晚不吵，而在那个时候引爆，是因为国家当时在大力推行二胎政策，问题正在全面凸显出来。“二胎化”

的直接影响就是：有一些家庭必须有一个人在家带孩子；企业越来越不愿意招收女性、女性的薪水一再降低，与其如此，不如回家带娃。

这其实就是国家缺人手了、需要增加人口；国家请客，企业和女性买单。

这个逻辑比较简单，在此不多说了。有趣的是，家庭主妇和职业女性有什么冲突呢，怎么会变得互相看不顺眼呢?

我想，这应该是由双方的优越感引起的。

职业女性认为全职主妇不劳而获，全职主妇认为职业女性没本事嫁有钱老公。这是最浅、最口水的层次，没有什么思考的含量。稍微深一点儿的争论，则是职业女性认为全职主妇并没有经济来源，仅靠着男性的感情和恩赐来维持，没有什么安全感；而全职主妇则认为，所谓女权，就是女性有选择自己生活方式的自由，家务劳动也是劳动，你管我呢。

这才是真正的问题。全职主妇的劳动，得到承认了吗?她们能从制度的层面获得保障，而不是靠男人获得安全感吗?女性有选择自己生活方式的自由，但这种选择是自我意志的选择呢，还是信息被遮蔽之后的不对等的无奈?

当然，职业女性也不必得意得太早。因为在职业之外，你们同样要回家生儿育女，这些劳动同样也得不到法律的保障。

问题的症结就在于，我们的婚姻法律法规并不保护夫妻共同财产，而是保护资产方的利益，谁有钱就利于谁。谁在外面赚钱，钱就是谁的；而家务劳动、生养和教育孩子的劳动，都是无薪酬劳动，一旦离婚，在实际判决中是得不到保护的。承担这些无薪劳动的，绝大部分是女性。

职业女性或者还有缓冲的办法，全职女性只能祈祷丈夫永不变心、永远仁慈，靠爱来发电了。

二

在这些争论中，全职主妇向有工作的女性标榜自己多么不容易，寻求理解认同，甚至尊敬，其实是没什么必要的。因为制度不能保障夫妻平等的情况下，你的丈夫就是你的雇主；你只需要对雇主负责；雇主肯尊敬你，是你的运气。

那些勇敢辞职的全职主妇们，可以自己回答两个问题：

1. 你拥有家庭财产的平等主权吗？万一你离婚，你有多大的信心能取得分配财产的主动权？

2. 现在很多孩子的母亲都是能干的职业妇女（工作到四五十岁时，女副总、女副厅长、女老板等很常见），你的孩子长大以后，你作为一位全职主妇站在一群职业女性中间，他是否会为你这个全职妈妈而骄傲？

如果这两个问题，你都给了非常肯定的回答，恭喜你，你确实自由选择了适合自己的路，也能掌握自己的人生。

但我很怀疑，有多少女性有这个信心。

第一个问题，我先来举一个众所周知的例子：王宝强与马蓉。

马蓉算是嫁得不错吧？后来，马蓉涉嫌出轨、婚内转移财产。姑且算作全部是事实吧，舆论不仅骂她是淫妇，还认为她比潘金莲更恶毒，因为潘金莲没有动武大郎的炊饼钱啊（其实，潘金莲恶毒是因为她杀人了而不是她出轨了）。

我要敲黑板了。马蓉转移的不是王宝强的钱，转移的是夫妻两人的共同财产，里面有一半钱她也有权使用。别以为王宝强拍戏挣的钱，与妻子无关。

大众恨马蓉，在很大程度上，是以为丈夫赚的钱都是丈夫的；妻子动用了丈夫的钱，就是偷。殊不知，就算是王宝强，他如果转移了共同财产，与马蓉转移共同财产的性质，是一模一样的。

对马蓉超出正常强度的痛恨，是因为大家既不了解婚姻法，又充满了厌女症的偏见。

还有，那种认为老婆买包包、买衣服，就是乱花丈夫的钱的人，也很糊涂。钱是两个人共有的，丈夫能用，妻子当然也能用，两人是平等的。如果你买件衣服都胆战心惊，甚至连给孩子治病的钱都没法向有钱的丈夫要，那你在婚姻里，根本就是一个等待施舍的乞丐。

其实，在欧美国家，因为生的孩子多、雇保姆等成本高，全职主妇的比例比中国高许多。但人家全职爸爸同样也有不少啊。不能说欧美国家就完全解决了男女平等的问题，但在财产权上，至少保障夫妻共同利益。离婚时，女性（少数情况下也有男性）往往可以获得相对高额的赡养费。而且，他们以家庭为单位征税，进入婚姻在某些税费上可以得到减免；即便是这样，西方国家结婚的年轻人也越来越少了。因为这些细微的好处并不能靠结婚带来太大的增益，反而增加了风险。

而中国呢？无薪劳动得不到承认，在社会文化当中，认为全职主妇就是不劳而获的蛀米虫。

我当然反对这种观点。但我承认“家务劳动也是劳动”有什么用？你的丈夫承认吗？法律保护吗？大众认同吗？你一直都无比自信和有安全感吗？

三

对于全职主妇来说，最恐怖的还不是丈夫看不起自己，而是孩子看不起自己。

就以前的明星王艳来说，她年纪轻轻嫁入豪门，便退出娱乐圈，也从来没有婚姻不好的花边新闻。她带着九岁的儿子球球一起录节目。但球球说的很多的话却是：“妈妈在撒谎”“其实她心里一点爱我的成分也没有”。王艳自己也说：“刚才六六一直说我，说一看你跟你儿子的关系太好了，好到他完全都不怕你，你跟他说他也不怎么听。”

更雷人的是，球球吐槽说：“我妈妈喜欢购物，但购物了之后她就是放那儿不用、不吃，整个儿浪费我爸的钱。我爸每天赚钱赚得多，一天能赚十几万，但是她天天浪费，最高是一半。”

她的儿子，根本看不起这个母亲。

这还是公开播放的节目呢，被剪掉的更不知凡几了。

别怪小孩不能理解你的苦心。这是因为，孩子的父亲不尊重母亲，孩子都看在眼里了，也学会了。其次，这个社会并不尊重无薪劳动，认为养育孩子的劳动一钱不值，这个家庭所有的钱都应该是资产方的，妈妈是在花“别人的钱”——哪怕这个“别人”是丈夫。

在一个势利的社会里，孩子就是势利的；孩子怎么能拔着自己的头发离开地球？他们不喜欢含辛茹苦，只会亲近经济条件更好的一方。

这样的母亲，在这种偏见面前，腰杆怎么能挺得直？

再说了，王艳算不错了。中国有多少全职主妇，是嫁入豪门、十指不沾阳春水、不用做家务、一排保姆司机等着差使，除了带小孩晒太阳之外就是吃喝玩乐做美容的那种？大多数也不过是小中产，还要接送孩子、做家务、打点上下、给全家准备晚餐。正如 @ 可怜大妈 微博中所言的：

“那些在家洗衣做饭带孩子伺候老人的，不叫全职主妇，别侮辱全职主妇，你就是不领工资且无社保的 24 小时家政，那你干吗不去家政公司谋个差事啊？好歹一个月六七千收入、4 天休假、8 小时工作，还能上社保，你会算账吗？”

所以，各种文章都在呕心沥血地教导，成为中国现代女性的首要条件是：经济独立、经济独立、经济独立。

我只能说，在没有制度保障之前，还是老老实实地赚钱吧，不要把自己耗费在太多的无薪酬劳动上、替男权社会买单了。

中国女人得了什么病？

> 你看到的“女人只要权利不要义务”，都是一种“本来该我占的便宜却没占到”之后的愤懑。

*

每次看到不少人说中国成年女性有公主病；中国女人只要权利，不要义务；女性可以靠撒娇不干活、希望通过撒娇吃香喝辣……我都不禁疑虑：我与这些人，是不是生活在平行宇宙当中？中国真的有那么多成年了之后还患“公主病”的女性？

确实，每个人都会有各种各样的毛病，不分男人女人。中国这几十年的社会变迁，使很多父母没有学会良好的教育方式，他们的孩子在成年之后，会有不同情况的心理问题，或者心智不健全。成年女性的“公主病”，也许会有个案，但很难称之为现象。因为中国并不具备“公主病”的土壤。

比如，有人说：“公主病患者总是随意地借用女权主义，但又把‘你得无条件地宠爱我’当成一个标准的择偶条件。……很多患公主病的成年女士在情爱观里绝不采取公平，必须以少赢多。”如果这里所说的“成年女性”，是指那种十八岁刚刚高中毕业、刚刚上大学，还对爱情充满了憧憬的小女生，说她们当中有不少“公主病”，我还是理解的。中国的孩子，普遍晚熟；不是性晚熟，而是独立意识和对自己负责任的意识建立得很晚。这点，不分男孩女孩。所以还有天真梦想。然而，我不太相信一个女性在大约二十五岁以后，这个“公主病”还治不好。

不客气地说，在中国社会，青春期再“公主病”的女生，只要不是那种含着金钥匙出生的“真”公主，步入现实社会没几年，很快都会迎来幻灭。只要不是神经非常麻木，各种各样的恶意和挫折都会扑面而来，女性多多少少都会调整自己的心态。

这些恶意，包括升学、就业上的歧视，包括人际关系的世态炎凉，包括种种明显或隐性的性骚扰；更重要的是，来自婚恋、情感方面的打击和自我重塑。随着年龄的增长，女性越来越难以自信。

当然，一部分女性也可以重新建立起自信，但那都是在彻底不对男性抱有幻想了之后（不等于她们不需要男性）。这种自信的女人，更是与“公主病”绝缘的。

我想，大家对“公主病”的病患程度错误的估算，来自几个方面：

第一，低智商的营销号，包括像陆琪那样的情感专栏作者，虚构一种不存在的生活，话语方式是：“遇到这样的男人，你就嫁了吧。”“不敢把QQ密码、银行账号密码、微信密码都告诉你的男人，不能要。”“在吃饭时，会想到帮你把筷子掰好，把肉挑出来喂给你吃。”“看一个男人爱不爱你，就看他愿不愿意为你系鞋带，愿不愿意吃你的剩饭。”……

认为中国女人都有“公主病”的人，应该都是看着这种鸡汤文长大的。

这些没有任何营养的“爱情真理”，流毒甚广。它们看似对女人呵护备至，放在手心里捧着；其实就是把女人弱智化、玩物化。女人自己不会系鞋带吗，不会自己夹菜吗，不会自己处理剩饭吗？女人就只能整天闲着刷男友的QQ和微信吗？把女人说得断手断脚似的，有意思吗？“宠你宠到生活不能自理”，用作两人之间的打情骂俏，是情趣；作为情感的判断标准，那就真的是人格不能自理了。

实际上，不管男人、女人，你别看他们转发得欢，纷纷点赞；只要不是脑残，他们并不会照做。成年女人不会以这种作死的标准来要求男人，因为她知道这不正常。男人也不会把所有密码（除非他真的没什么钱）一股脑告诉女人，因为他不傻。他们欢迎这些理论，就像女孩喜欢公主备受宠爱，男生喜欢英雄冒险闯关，都只是在虚构的不可能当中寻找慰藉和认同。

但观察者，为啥幼稚地以为这些童话就是现实？

第二，现实中，很多人认为，女方结婚时索要彩礼，要房要车，非常物质，非常贪钱，只认钱不认感情……彩礼这个话题我们已经反复探讨过了，这里不想多说。就以城市女性为例吧，你见过男方出房出车出聘礼，一次性付全款，而女方家里一分嫁妆都不出的吗？说真的，除了豪门巨族娶儿媳孙媳，这么大方的男人闻所未闻。既然是大家都各出一部分钱，顶多也就是一个条件是否谈得拢的问题。莫非没有这个女人，你就不住房子，孩子也不住房子，幼儿园、小学也不用读？怎么能算是“送”给女方的呢？

实际上很多情况都是，有不少男性认为没有在女方身上赚到便宜就算吃亏。因为传统文化里一直都是男方赚的呀。于是对现在女人的斤斤计较、不贤良淑德、不唯丈夫马首是瞻，开始各种抨击。你看到的“女人只要权利不要义务”，都是这种“本来该我占的便宜却没占到”之后的愤懑。

第三，中国女人 63% 的就业率全球最高，在经济上，承担了非常重要的责任。有几个中国男人能说，是我养起了全家？就这种劳碌命，还好意思说“公主病”？

这还远远不是全部。总体来说，除了繁重的工作之外，女性还是情感和婚姻关系维持的主要付出方。“男主外、女主内”，女性还要照顾家庭，生育孩子、抚养孩子。

这是有数据支持的。2016 年年底，我国《性别薪酬差异报告》出炉，“国际劳工组织说，无论有无报酬，女性每天工作的时间依然多于男性。无论在高收入还是低收入国家，妇女干的无酬劳家政工作平均比男性至少多两倍半。报告认为，由于妇女仍然承担了大部分家务活，要花更多时间照看孩子和老人，许多妇女无法找到全职工作，更难获得工资较高的长期就业机会”。而且，“现在的中国女性平均月薪仅为男性的 77%。一线城市男女薪酬差异最小，然而现在的三四线城市差异拉大”。

一方面，女性工作也很繁重，但男女同工不同酬；另一方面，女性在家的家政工作平均要比男性至少多花两倍半的时间，而且没有报酬。

认为中国成年女性普遍存在“公主病”这个假设，是非常滑稽的。它的参照标准，以及对应的价值体系都是错位的。

但我并不觉得女性就完美无缺了。这个社会女性身上比较普遍地存在“圣母病”，这也是不正常的。

很多人指出过我写文章的时候，喜欢用全称判断，喜欢用“中国女人”“中国男人”这样的大词。好，我检讨。那我以后就用“部分女人”“部分男人”来说事吧。不过，一种现象，到底是有代表性的社会现象、大势所趋，还是例外的个案，肯定还是有区别的。极品坏女人和极品坏男人都有，但我们讨论的是，在一定的历史文化基因、大政方策、社会舆论和大众价值观等多种合力之下，具有普遍意义的状况。

也正是在这个话语的前提之下，我会认为，“公主病”并不具代表性，而“圣母病”却有普遍意义。

假设夫妻双方感情较好，大家都心智成熟，双方能妥帖地安排分工，这很好。但从数据中可知道，大部分男性都没有这种主动干家务、主动照顾孩子的觉悟，理所当然地认为这是女人的事。更严重的是一些男人肉身虽然还在，魂魄却在婚姻与家庭中消失，把整个家和孩子完全让渡给妻子。于是，这一部分女性，便陷入了“当妈式择偶、保姆式妻子、丧偶式育儿、守寡式婚姻”的不幸当中。

坦白地说，陷入了这样的婚姻，而还不思改变的女人，即是我定义的“圣母病”。

这样的妻子、母亲，其实就是把自己代入了一种全知全能的角色当中，而且很容易滋生对孩子的控制欲。她不离开这种“守寡式婚姻”，也是因为她迷恋和享受这种“我很伟大、我牺牲太多”的自我满足感。这样让她觉得自己很重要。“为了孩子不离婚”则是这种“圣母病”最常见的说辞。但孩子，并不需要。

这种完全没有责任感的父亲，和在折磨中痛并快乐着的母亲，也许是一对，但孩子是可怜的，很难心理健康。她以为自己圣光普照，但实际上，一个丧失自我的女性，对孩子、对丈夫，都不是一件好事。

“公主病”，就是说女人只要权利不要义务，这种，罕见；“圣母病”，只付出义务而没有权利，这种，更常见些。但后者，也绝非好事。不平衡与不对等的关系，时间一长，身心俱疲，必将倾圮。

问题的关键是，男性愿意跟他们的妻子建立平等的关系吗？愿意共同分担家务共同照顾孩子吗？恐怕很难。因为即便是女人在同样上班之外，还要比他们多出两倍半的无薪酬家务劳动，他们还怪女人“只要权利不要义务”；这种占再多便宜都嫌占不够的人，他们怎么肯动动手指头干活？

那么，女性要摆脱变成“圣母”的命运，就只能不和这套男权规则玩了：不给我平等，我就离开。

人到中年，她们自卑，他们自大

> 中国的“成功男士”把“我想和这个世界谈谈”偷换成“我想和小姑娘谈谈”，以制造出自己还有价值的幻觉；中年女性更惨，连产生幻觉的精力都没有了。

*

有一段时间，人们轰轰烈烈地进行过一轮关于“老男人”的讨论。这种“老”，并不在于年龄，而是中国男性在拥有了一定的经济基础和社会阅历之后，展现出来的谜之自信，一种睥睨天下、看破一切的自信；尤其是相对于年轻女孩，他们撩拨的手势已烂熟于心，知道太阳底下无新事，就像站在城墙上，“天下姑娘尽入我彀中”的豪迈油然而生。

“老司机”就是自信啊。

我也有一个疑惑。“老男人”，现在已变成一种说起来就会令人嘴角浮起诡异一笑的特殊生物。实际上，这是明贬实褒的；这意味着这个人有资源、有能力、有魅力（尽管出于政治正确，男人也会批评几句）。而与他们对应的“老女人”这个词，在任何层面上，都是极为恶毒、单纯的诅咒。仿佛女性除了“老”之外，年龄的增长不会给她带来任何资源、能力和魅力。

“老”这个词放在男人身上和放在女人身上截然不同，前者变成了褒义词，后者变成了贬义词。因为社会成见就是“男人四十一枝花，女人四十烂茶渣”。

我想起了香港许鞍华先后拍摄过的两部电影《女人四十》（1995年，萧芳芳主演）、《男人四十》（2002年，张学友主演），生动地把人们对于女性中年危机和男性中年危机的刻板印象具体化了。

先从《男人四十》讲起。张学友饰演的中学语文老师，觉得自己怀才不遇。这时，班上的漂亮又多愁善感的女学生（林嘉欣饰）爱上了他。家庭的无趣和困惑，与拥有鲜嫩肉体的女学生对他的仰慕，形成了鲜明对比。他既不舍得放弃这种感觉，又无力承担过火的责任……

而《女人四十》则完全不同。萧芳芳在影片中饰演的中年女性阿娥，面临着事业与家庭的双重压力。她要面对懂电脑的年轻女同事对她的职位和工作的冲击，时时担心失业。与此同时，婆婆去世，公公患有老年痴呆症需要照顾，儿子到了叛逆期不听话，老公宁愿游手好闲也不帮忙，她甚至还要忍受旁人的指手画脚……阿娥忙完工作后，要照顾公公、老公和儿子，还要做完所有家务；生活重压之下，真是心酸得哭都哭不出来。

看出来了吧？传统模式当中，男女的中年危机差别在哪里？男性的理解是：我怀才不遇，我事业上进展不大，是这个世界欠了我的。解决的方式，或者说转化的方式，就是由少女来承认他的魅力；通过这种年轻漂亮女孩的认可，来确认自己的价值。当然，很多情况下这是要付出一定代价的；“中年危机”只是转移了，并没有化解，他的生活很可能会变得更复杂。

而女性的角度是，我跟不上这世界，我配不上这世界，无论我如何努力，都无法适应。更现实的是，上有老、下有小，中年女性处于一个最尴尬的年龄，对家务的操持，对家庭经济能力的担忧，对孩子的教育、老人的健康，对自己的医保的恐慌，都在考验着她。这还是在不用操心房子和学区的情况下。万一她们的丈夫也有“中年危机”，准备出轨或在出轨中，她们还要考虑婚姻的存续、家庭的解体，那简直是天崩地裂。而这些，在现实中司空见惯。

她们转化危机的方式，是诉诸改变自己以适应社会，比如整容、减肥、买包，等等；因为这个世界告诉她们：如果你不好好保养，变成黄脸婆，就留不住你的丈夫。

为什么没有人告诫中年男人说：如果你肥头大耳，不好好健身，就留不住你的老婆？何止如此，为了奖赏他的丑陋，还会给他赠送少女们的爱慕？

不是男性的生理与女性的生理有什么不同。假如反过来，萧芳芳的丈夫天天指导小孩做作业，照顾瘫痪的岳母，在上班之余负担所有家务；萧芳芳这样四十岁的女人，她的困惑或许就会变成：那个小鲜肉到底爱不爱我？爱不爱我？

这同样可以美其名曰“中年危机”。

之所以我们看到男性中年与女性中年不同，就是因为社会对他们的压力和期待不同。是，女性是有“更年期”，意味着逐步丧失了生育能力；而男性没有。但随着生育意愿的迅速下降，城市人群的个体，对生育这件事已拥有了掌控权，在中年以后能否生育已是一件不那么重要的事（想生的人早已生过了）。现代社会里，再沿袭动物世界的“精子战争”来考虑两性关系，就偏差太大了。问题就在于，在现在普遍男女都要工作的情况下，女性仍然承担了主要的家务劳动和养育小孩、照顾老人的重任；她们早已没有精力追求事业了，甚至连思考人生、伤春悲秋的时间都不再有。

上面所举的张学友饰演的中学老师，还是“老男人”当中善良软弱的一种；男性只要稍微少一分恻隐，就会像孔雀一样四处开屏，力图证明自己风韵犹存，仍然有魅力。祸害少女、祸害家庭也就罢了，并且还能非常无辜地向社会传播他的价值观：女人嘛，都是很贱的……

而与之相反，女性到了中年，却明显地表现为自我萎缩，常常自认“我这辈子也就这样了”。“这样”是怎么样呢？就是不再美丽，也不再打扮，觉得不会有异性来搭讪或多看一眼；就算老公有外遇也只能睁一只眼闭一只眼，因为不敢离婚；希望都寄托在子女身上，免不了时时暴跳如雷；事业上也没有追求，因为忙家里的事就够操心了，哪里应付得来升职考试或者领导新的团队？有工资发就得了。

不再看小说和新书，不再听新歌，一两年都没有在手机里装新的App了，嫌麻烦……

女性自贬的结果就是，缩进家庭生活当中（虽然有工作），把自己的勇气、能力、对世界的好奇和求知精神全丢了。

后面的几条，其实中年男性也差不多；主要特征都是故步自封，不思进取，害怕甚至敌视新事物。只不过，女性是胆小地不敢学，而男性则是胆大妄为地看不起，给自己制造一套理论依据。女性的中年危机是自卑，男性的中年危机是自大。

是的，以上对这两类人的素描，均属刻板印象。不过就算今天年轻人当中有一部分人的价值观已经刷新，还有救；但中年人群体还看不出太明显的变化趋势。尤其是男性，因为他们是这一套观念的受益者。无论他在社会上的阶层多低，在家庭当中始终还有比他地位更低的人；他们虽然对世界不满，但总以为随着日历的翻页，他那浑浊的肉身是能自动升值的。

其实，荣格对“中年危机”有过定义。它指的是人们在青年时期心理能量主要集中在追求物质性的兴趣上，而挤占了追求精神价值的空间；到了中年，成功地适应了外部环境或事业有成之后，再无人生目标，这种心理能量由于没有了用武之地而陷入空虚；这就造成了价值的丧失和人格的荒芜。

中国的“成功男士”满世界地“作”，他们把“我想和这个世界谈谈”偷换成“我想和小姑娘谈谈”，以制造出自己还有价值的幻觉；中年女性更惨，除了工作和家事之外，还要忙于跟丈夫身边的小三小四做斗争，连产生幻觉的精力都没有了。

我不知道在中国这样浮躁的社会环境下消除“中年危机”的良方，我只知道如何让“中年危机”这件事也能平等。那就是，女性不跟这一套游戏规则玩了。得益于技术的进步、观念的进化，女性保养得好，冻龄不是难事；四五十岁了才开始跑马拉松、学潜水不是难事；现在有了冻卵，假以时日技术更成熟普及之后，消灭生理期的界限也不是难事。男性与女性基于自然生理的差异，会日趋缩小。这个时候就可以看清楚了：只要中年女性不再以“我这辈子就这样了”来自我萎缩，把空间让渡出来给同龄的男性四处“开屏”，那么，双方的责任和义务就会更趋近平等。

但是在中国这样的社会环境下，一个在年轻时都没有过天真世界观、没进行过形而上思考的人，如何能在惰性重重的中年，反思自己的皮囊？如何能在仁波切、手串、国学、整容、买包和淑女班之外，有一些真正的心灵沉淀？这点太难。

为什么 90 后年轻妈妈有 79% 不上班了？

> 不用怀疑，在家庭中，可支配收入是衡量两性地位的基本准绳。

*

看到一个与母婴育儿相关的公司做的商业调查报告《2016 年 90 后妈妈白皮书》，我心里一惊。

我想写写那些 90 后的全职妈妈。

一

这个白皮书在全国范围内进行了 90 后妈妈的问卷收集和访谈调研，总样本数超过 6000 份，全面了解了这一群体的“三观”——育儿观、社交观和消费观。

调查报告的本意，是想说明这些年轻的妈妈不像我们想象中那样“不靠谱”“情绪化”“二次元”，而是理性、负责。她们充满活力，懂得科学地照顾小孩，也爱惜自己、热爱生活。但对此，我却无法乐观。

我们来看看一些数据：

1. 这一人群中，年龄在 21—26 岁的妈妈达到 34%，超过总体样本数的 1/3；其中 21—23 岁的 90 后妈妈比例占到 43%；24—26 岁的 90 后妈妈比例占到 57%。——也就是说，生育年龄非常低。

2. 受过本科教育的妈妈比例达到 58.71%；硕士及以上学历的妈妈达到 2.8%。考虑到 90 后妈妈还有可能在育儿后继续深造，她们的教育状况可能在未来几年内会有更好地提升。——这点不错，说明女性的受教育程度越来越高，也呼应了“读大学也可以结婚生小孩”的政策（后者我不认为是好事）。

3. 月收入 2 万元以上的家庭比例占到 16.78%；家庭月收入在 5000 元及以下的仅占 9.68%。——说明接受访问的这批年轻妈妈，生活条件不错。

4. 90 后妈妈不上班的比例高达 79%。其中，全职妈妈的比率达 40%，还有 39% 的妈妈选择了边带娃边从事自由职业。这些自由职业，包括自创品牌经营、自由摄影师、微商，等等。

5. 表示“孩子 0—3 岁时不上班，后面会去工作”的达 50.32%；“看情况而定”的占 15.58%；认为“工作不一定是上班，我更希望做自由职业或自己创业”的占 26.89%。

6. 她们的家庭消费来源主要是夫妻二人的收入，并不“啃老”，夫妻在家庭消费决策中占主导地位。

我看到网易在分析这个白皮书时，总结是，她们突破了传统的牢笼，随性而活。报告洋溢着乐观主义精神啊。

我觉得可以从几个角度来看。一方面，这个报告调查采访的 90 后，应该属于生活条件还可以、教育程度还不错、个人自主能力或者说把握生活能力比较强的年轻女性。她们代表的是比较光鲜的那批 90 后妈妈。

但问题在于，“90 后妈妈不上班的比率高达 79%”真是一个特别可怕的数据。

当然，这里还包括少部分刚刚生完没来得及上班的；后面的数据也显示了，有一半妈妈希望以后回去上班。但仍然呈现了一个问题：90 后妈妈，二十多岁就结婚生子的年轻女性，有很大概率，很难回到职场了。

除了一部分当全职妈妈以外，还有相当一部分，做自由职业者。换一句话说，就是打零工，迁就育儿时间。

二

尽管这个数据要经过一些修正，但它揭示的事实仍然是很清晰的：即便在条件较好的城市女性当中，年轻妈妈们大多没有工作，或者处于一种打零工、自由工作者的状态。

我在若干个亲子论坛，看到了很多年轻妈妈发帖子，寻找打零工的机会。

是的，不像日本普遍说“打零工”，在中国一般说是自由职业者，或创业，或微商，或淘宝店主，或自媒体人……

但恕我直言，为了生孩子而选择这些自由职业的人，99% 以上的收入是相当有限的，很难当作真正的事业。

除了万里挑一的成功者，兼职工作的收入和社会评价，是无法跟全职工作相比的。兼职、打零工的收入，比同一层次的全职工作者还高的可能性，低到可以忽略不计。

另外，确实有很多女性，在没有合适工作的时候，选择做微商。但除了最早一批利用先发优势或传销等非法手段赚到钱之外，鲜有赚大钱者。

很简单，一个没有任何门槛、不需要任何技能、不具备渠道或产品优势的领域，挤满了数十万甚至数百万带小孩之余上网刷刷朋友圈的女性——这行能赚钱才是咄咄怪事呢。（别拿那些自己后面有一个大工厂或运营团队，同时也在朋友圈里卖货的来说事，那是企业运作，不是微商。）

再重申一下我之前的结论：每一个赚钱的领域，都挤满了男性，女性只是点缀。哪怕开始时女性做得好，只要发现它有利可图，男性就马上来占领了，并尽可能地把女性驱逐出这个领域。你看看，上面提到的那些年轻妈妈们热衷的行当，哪个是男性们纷纷入驻的？

带孩子，是一件特别劳累、特别辛苦的事；而且，一定要有人为之付出金钱、时间和精力。要么就是年轻父母，要么就是爷爷奶奶外公外婆，要么就是保姆。而且，即便有后两者帮忙，妈妈或爸爸仍然是育儿主力。当无法兼顾工作与育儿，不得不有一个人辞职的时候，十有八九，都是妈。

全职妈妈不仅很劳累，还会因此中断自己的事业、失去上升机会，这是女性为家庭作出的重大牺牲。

那些能重回职场的女性还是幸运的，即使她们在中断事业两三年后的薪水很可能比之前低很多。还有一些女性，找不到合适的路径就职，只能做收入不稳定、地位不高、不容易有事业提升空间的自由职业者了。

2016 年，由中国社科院人口所主编的《人口与劳动绿皮书：中国人口与劳动问题报告 No.17》指出，中国性别工资差距正在不断扩大。在最近的十多年时间里，高学历女性与同等条件下的男性之间的工资差距，均呈扩大趋势。

这些年轻妈妈，就是那样的高学历女性，随着结婚生育，收入迅速下降。

在中国，名义上的婚姻共同财产，是很难得到保障的。不用怀疑，在家庭中，可支配收入是衡量两性地位的基本准绳。

你也许觉得自己很辛苦，但对方觉得你只是在家里看看小孩、逛逛街，在享清福呢。

三

在这里，我要引入几个名词。

1. 灵活就业。

灵活就业，听起来很好听，它指的是在正规就业形式之外的其他就业形式，是指在劳动时间、收入报酬、工作场地、保险福利、劳动关系等方面，都区别于正式工的各种就业形式的总称。主要有非正规就业、临时工、季节工、承包工、劳务工、小时工、派遣工、非全日制就业、自主就业、阶段性就业等形式。

而灵活就业，女性比例远比男性高。

国际劳工组织在相关的报告中指出，妇女采用非正规方式就业要比男子更为普遍。从国际上看，1990—2000 年（我暂时没有找到更新的数据，但现在并不比当时好），欧盟国家的非全日制就业劳动者中女性占 80% 左右，OECD（经济合作与发展组织）国家占 70% 左右。OECD 十二国非全日制就业的妇女比男子多出 2 倍到 10 多倍。澳大利亚、英国的妇女采取灵活就业的超过 40%。

将失业女性置换到灵活就业领域，成为一些发达国家解决失业率上升的法宝。

在中国，灵活就业女性人数正逐步增加，灵活就业将成为女性就业的主要途径。

看清楚了吗？所谓“灵活就业”，就是各种形式的临时工。在各个国家，临时工大部分是女性。为啥？主职是照顾小孩啊。

就算在中国，现在的大学毕业生里，女性多于男性（2016 年，女性在普通专科中占 51.17%，本科占 53.44%，硕士占 53.14%，博士占 38.63%）。即便如此，如果结婚之后需要有一个人全职在家带孩子兼打零工，你猜，作出这样重大牺牲的，是妈妈多，还是爸爸多？

2. 职业性别隔离。

所谓职业性别隔离，是指某一性别的人口在某一类或某一些职业上的高度密集，形成与另一性别人口的职业隔离状态。职业性别隔离是性别收入不平等的主要影响因素之一，其影响还涉及与所进入职业相关的晋升机会、生活方式等。

我拿美国举例吧。以专业技术大类为例，女性大多集中在护士、律师助理、幼儿园及中小学教师等（更多是与养育、照顾相关的，对职业技能要求较低）职业，而男性大多从事专科医师、律师、工程师、大学教授、电脑程序员等（对专业技能要求更高的）职业。

我们也知道，美国法律规定了一定岁数以下的孩子不能单独在家，为了照顾孩子，美国有很多全职主妇；在孩子上学期间，她们可以去超市做临时工、去当保姆、去当临时看护。

当母亲，令女性无法全情投入工作，让职业的性别隔离进一步加剧。但是，当父亲就不受生孩子影响。

日本这一方面更为严重。现代日本，仍然保持了男主外女主内的传统，男性是家庭收入的来源，女性专心做全职主妇；甚至父母会送女儿去培养全职主妇的各类家政大专、女子短期大学；孩子大一点之后，女性做一点临时工来帮补家用。

风险就是，万一离婚，临时工的这点微不足道的补贴就成了她的所有。而且，女性几乎找不到其他更好的工作。

日本的《2012 年就业结构基本调查》显示，日本全国非正式雇用的女性有 355 万多人，其中，竟然有 81.47% 的女性年收入未满 200 万日元（日本将年收入未满 200 万日元定位为“有沦为低保风险的经济困窘者”），大多数非正式雇用的年轻女性收入处于极低的位置。

芝加哥大学教授山口一男研究这个问题得出的结论是，这是因为“女性不能长期工作，无法作为人才灵活运用”。

日本的女性地位，可作殷鉴，大家自检一下吧。

最后，我想说，每个人都在做出自己的选择，别人不能替代。但孰优孰劣，是可以客观分析的。

我相信，大家都是普通人，都想照顾好孩子，也想尽可能工作赚钱；同时，那些大富大贵，月嫂、保姆、钟点工齐齐上的家庭肯定是少数。势必要有人为了家庭牺牲自己。

假如女性事业的根基已稳，赚的钱多，能掌握自己的人生还好些，万事都好安排；但如果是刚刚毕业就生娃的女孩，她们在职场上怎么能让雇主放心？把大部分精力用来带孩子，怎么能找到合适的全职工作？也许，最后就不得不“灵活就业”了。

未来怎么办？我挺担心她们的。

全民“打小三”便宜了谁

> 为了能与男权结盟，那些女人必须用更激烈的态度来表现出她维护男权秩序的决心，才能与弱者和受欺凌者划清界限，从既得利益者手中分得一杯羹。

*

曾有媒体详细报道过一种“小三劝退师”的职业，报道引起了很多人的兴趣。主角是一家名叫“××国际婚姻医院”的机构，带给他们最多利润的核心业务只有一项：驱离第三者。

这一行的从业者自称为“婚姻家庭咨询师”，根据客户的不同情况制订出详细计划，包括假扮成商业合作伙伴去接近男方，当“小三”的闺蜜，扮成算命大师，扮成高富帅去吸引“小三”，等等，甚至还匿名向计生办举报小三“未婚先孕”，假扮医生说胎儿畸形要堕胎……

这些“小三劝退师”承认，这些计谋是在对方不知情的前提下悄然实施的。每次接单都可以给他们带来数十万元的收入。业务如此之火，他们赚钱都忙不过来。你说这样的“婚姻咨询师”是不合法呢，还是不合理？是拯救了道德呢，还是败坏了道德？

我倒觉得，跟商人谈道德非常无聊，他们不负担道德责任。有利润的地方，就一定有逐利者，这不奇怪；关键是，为什么我们这个社会居然滋生这么多这种需求？那么多“大房原教旨主义者”是怎么来的？——如果不是“小三劝退”的服务价格高昂，只有极少数有钱的“大老婆”才消费得起，估计想动用这种服务的人一定非常多。

二

想想现在阿尔法狗下围棋都打败人类了，引力波都被发现了，而中国还有那么多以“大房”自居的女人，真是一百多年来的女性解放与性别平等的努力都喂了狗了。也难怪为何中国的屏幕上整天都是些宫斗戏了，“本宫一日不死，尔等终究是妃！”意淫起来多霸气！

但要知道，在古代传统当中，妻子的地位是得到保障的，只要妻子没有大过错，是不允许“出妻”的；戏剧作品当中，不管是陈世美还是蔡伯喈，是想娶郡主还是想娶宰相女儿，除了杀妻，别无他法，就是因为正房妻子的名分无法破坏。

而在今天，结婚离婚自由，讲究的是“合则来，不合则离”，女方没有侍奉整个家族的义务，男方也没有承包一辈子永不变心的责任。还要拿着古代的礼法，视自己为原配的，莫非不知现在已不流行这样的窦娥冤了？

现代婚姻，实际上是一个感情、性、经济关系的复杂结合，同时也是社会构成的一个最小单元。所以，才会有《婚姻法》来界定婚姻中的权利和责任。感情与性，都是非常私人的，谁也不能强迫另一个人永不变心、永远对你有“性趣”；只有经济关系，才是法律需要保护的部分。

法律把婚姻关系视作财务伙伴关系。也就是说，一旦两人不再相爱，感情（性与感情密切相关）出现了问题，唯一能解决的、需要承担的社会责任是什么？是经济关系的切割。

挽回婚姻，本身是一种非常愚蠢的想法。再正常健康的社会，也不可能扭转人性中喜新厌旧的那部分天性。但面对方式各有不同。你什么时候听说过戴安娜王妃会去撕打卡米拉？老虎伍兹的妻子艾琳会去挑衅那些情妇吗？默多克的第二任妻子安娜还能去殴打邓文迪不成？不，她们不会那么傻。

所谓“小三”，跟她们毫无关系，与她们签订婚姻合同的是她们的丈夫，违约的是她们的丈夫。她们只需要离婚，并向违背忠诚协议的丈夫索取天价赔偿。艾琳的一亿多美元、安娜的十七亿美元赡养费，让大家知道，冤有头、债有主，违背婚姻合同的人，是要付高昂的违约金的。

感情破碎了，是让人痛心；但是，金钱能够抚平创伤。

在西方社会里，不独巨富，就是普通的中产阶级，离婚时的财产分割也是遵循向无过错方倾斜、给予低收入或无收入一方赡养费和补偿这样的原则。他们的离婚律师虽然很贵，但物有所值。这方面人家有非常详尽的法律和细则。

二

只可惜，在中国，连这一点基本常识都没有达成共识。同样是感情破裂，一方（多数是男方）有了新欢，人家的妻子是忙着打离婚官司，争取多弄点钱，为离婚以后铺垫更高的生活质量；而我们这边流行的，是妻子当街剥光“小三”的衣服，当街殴打“小三”，扇巴掌、泼硫酸；去“小三”的公司滚地撒泼，让她没法做人。

随便百度一下“打小三”，就有6,840,000个结果，还有大量视频。嗯，关键是，新闻下面都是一片欢呼声，基本上都支持大老婆维权，“打得好！”“小三都得死！”“敢偷人就让她死无葬身之地！”全都是那种“同归于尽”的烈女。评论里只要有对这种行为稍有质疑的，立即会有人扑上来说：“祝你的老公也找小三！”“莫非你自己就是小三？”

这么看起来，懂得花巨款找“小三劝退师”，已经是高等文明人了呢。

打“小三”和劝退“小三”，目标并不一样，前者是泄愤，后者是挽回婚姻。但有一点是相似的：认为婚姻的违约责任，应该由并没有签合同的第三者来负责承担。而真正撕破协议的男性，他们反而可以得到妻子们更温柔的安抚和补偿。

为什么会有这么离谱的认知差异?

我接触到不少这方面的资料，看到过太多丈夫偷偷出轨悄悄转移财产、女性一无所知一脸懵懂地被离婚被净身出户的例子；更狠的还有，女方离婚时才发现自己不仅没有一分钱夫妻共同财产，还莫名其妙地多了一堆共同债务。至于两人共同还贷的房子变得跟自己毫无关系，孩子的抚养费少得可怜，还有长年拒交的情况，简直就是离婚妻子难以避免的常态。

翻一翻《婚姻法》，我们的法律精神没有问题，秉持的原则还算公正；问题在于，难以执行。在夫妻双方中拥有较多资源的一方（往往是男性），几乎拥有压倒性的权力。财产如何分配，全依赖他的良心。

而且在中国，离婚女性再嫁非常困难。因为这是一个常年都翻出“为什么一定要娶处女”的话题来讨论的神奇国度。如果还带着孩子，那她还必须牺牲自己的职业发展来照顾孩子，这也意味着她的工作机会减少了，经济能力也会削弱。

你看，离婚对女性来说是非常惨痛的，经济利益几乎不可能得到保障；女性只能把婚姻视为一切，死活不肯离婚。于是，新时代的“大房原教旨主义者”就被培养出来了。

最有效的策略，就是诉诸道德的力量，把性道德视为万物之源，作为评价一切的唯一标准。

具体的表征往往是这样的：没事的时候诅咒明星中的“渣男”，攻击网络上的“小三”，表明自己对感情走神“零容忍”，要求净化社会风气，营造出“一旦出轨，天地不容”的舆论空间；但一旦遇到自己的丈夫出轨了，就转换为忍、忍、忍的模式。一年两年、三年五年后，仍然写信去进行情感咨询：为什么我丈夫还跟小三暧昧？为什么他跟上一个小三断了又找了新的小三？上次他跪着求我原谅现在发现他俩又开房了，如何挽回我出轨的丈夫的心？……这样的女人始终认为，丈夫都是被狐狸精诱惑的，是被女人强奸的，等等吧，等到他的性功能都没有了的时候，说不定就会回归家庭呢。

三

在没有法律保障的情况下，其实这一类“大房原教旨主义者”很机灵。她们知道谁是不能惹的，一旦与丈夫撕破了脸，婚姻不保，那不就彻底亏了？而外面的那个女人，名不正言不顺，还不是任打任骂，用来出气？

这种维护利益的“欺软怕硬”，可以理解；但“欺软怕硬”被冠以“正义”之名、维护道德和风纪之名，那就是又蠢又坏了。正义总是这么廉价。

实际上，女性歧视女性，女性打压女性，甚至会用更激烈、更极端的手段。我们所看到的后宫倾轧、婆媳大战、溺杀女婴、母亲虐待亲女、“大房”斗“小三”，无不是女性主导；舆论中热衷于“鉴婊”的，也多数都是女性。这是一种投机取巧的生存策略，一部分意识到自己地位需要靠男权来保障的女性，为了能与男权结盟，必须打压其他女性；为了获取信任，必须用更激烈的态度来表现出她维护男权秩序的决心，才能与弱者和受欺凌者划清界限，从既得利益者手中分得一杯羹。

男性往往有另外的世界，这些患有晚期直男癌的女性，是他们的威权施行于女性空间的得力助手。

所以，越是喜欢声讨别人的性道德的女人，就越是在曲意地迎合这种不公平的秩序；她们想要的，只不过是与男权共谋，换取她们牢不可易的正妻位置。来来去去还是仰人鼻息。

最后我要说一句，女性的敌人当然不是女人，但也不是男人，她们的敌人是不正当的权力。女性要做的，不是把痛骂“小三”改为痛骂“渣男”，更不是和所谓“变心”的男人鱼死网破，而是改变不公平的法律现状，让女性的经济权益得到足够保障，在社会发展的各个领域都得到平等的权利。会有那么一天吗?

家庭暴力不适用调解，因为狼和羊无法谈判

> 全国妇联权益部部长蒋月娥这样形容家庭暴力中的女性遭遇："以沉默隐忍暴力，以分手离开暴力，以暴力消除暴力，以生命结束暴力。"

*

《十万份离婚起诉书，告诉你哪里的男人最爱打老婆》一文曾引起很大反响；那是《广州日报》发布的一份大数据：广东广强律师事务所副主任吴杰臻律师应用人工智能系统，统计了从 2014 年到 2016 年全国法院公布的一审离婚判决文书 94571 份。

其涉及的内容还包括：自诉家暴的案件里，有多少最后被认定存在家暴行为？受害者一般寻求何种方式求助？家暴受害人可以得到多少赔偿金？

一

这些数据中，在这近 10 万件家暴案件当中，99.9996% 是男性被指施暴；男性是家暴受害者的案例极少。

全国涉嫌家暴案件，山东以高达 8205 件稳坐榜首，河南、湖

南分居第二、三位。从最终认定家暴的数量来看，湖南省最多，有400件，其次是浙江、湖北、河南、贵州、山东等。

问题是，94571件家暴纠纷案件当中，仅有3741件被认定，即接近30件中只有一件能被认定。在寻求第三方帮助的途径上，报警的案例只有8989件，报警率只有9.5%；在家暴行为的举证上，仅有16632件案件有相关举证，举证率只有17.59%。

还需要特别指出的是，在8989件报警的家暴案件里，受害人持有报警回执的只有3326件，公安机关对受害人或施暴人做调查笔录的仅有2290件，最终出具告诫书的只有77件。

光是这些数据，就让人有一种深深的无力感。也就是说，这些家暴纠纷案中，能达到告诫书条件的，不足千分之一；更不必说受到惩罚了。

然而，我们知道，以上的数据仍然远远不能代表真实情况。也许有的人虽然饱受家暴，但并没有离婚；有的虽然被家暴却以别的理由离婚；也可能有些省份家暴数据低，仅仅是因为女性更能忍受家暴和不公，视离婚为畏途……

再告诉你一个数据：据最高人民法院副院长黄尔梅2014年7月在全国反家暴联动机制南宁试点启动仪式上透露的信息，在我国，受害人平均遭受35次家暴后才会选择报警。

目前，全国约有24.7%的家庭存在不同程度的家庭暴力（最高人民法院2014年统计）；妇联系统每年受理四到五万件家暴投诉；

近 10% 的故意杀人案件涉及家庭暴力；每年约有 10 万个家庭因为家暴而解体。

我相信很多人会说：怎么可能，我怎么从来没有听说过？那是因为，绝大多数的家暴，在没有出事、没有闹到死亡或重伤之前，都是隐匿的。我以前也不知道：我身边的女性，活泼开朗，工作如鱼得水，每天打扮得漂漂亮亮的，居然也是家暴受害者？怎么看不出来？

然而，事实就是如此，家暴不仅可能发生在粗鲁的没受过教育的底层家庭里，也会发生在文质彬彬的高知家庭里；而后者，因为讲究“体面”，不管是施暴者还是受害者，都更擅长掩饰，更隐蔽。

就在 2016 年中国《反家庭暴力法》正式实施的第 5 天，重庆就有一位女医生，被前夫家暴重伤之后，喝药自尽。她是个成功的女强人，事业有成，儿女双全；但在被丈夫打断腿之后，仍然对每个人说是自己摔的，小心掩饰伤口。——这样一个在家庭中独挑经济大梁的女强人，你很难想象她经常会被打得浑身都是伤。

此外，还有很多名流，如李阳、蓝翔校长等，都是家暴“达人”；而很多有名有钱有貌的女明星，同样会成为家暴受害者。

二

反家暴这个问题，值得年年讲、月月讲。它是一种全球性的现象；不过，在中国，又增加了深刻的社会文化的影响。这才会造成平均每四个家庭就有一个存在家暴行为的普遍现象。

为什么说要对家暴“零容忍”？因为，“家庭暴力不适用调解”，在国外已经渐成共识。调解，只能发生在势均力敌的平等对象之间，施暴者与受害者一个是狼、一个是羊，你去调解，要求狼和羊共处一室相亲相爱，怎么可能？你要狼许诺不要再咬羊，要羊答应要宽容狼的撕咬，这种“调解”，有意义吗？

家庭暴力危害的潜伏性还体现在“暴力循环”上，一种“冲突—和好—冲突”的循环模式。当施暴者忏悔自己的暴力时，家庭暴力并没有得到真正的解决，暴力随时会再次出现；而且会越来越严重。中间间歇性的“和好”，只是一种精神控制，让你产生幻觉，为下一次的施暴助跑。

这种循环多了，受害人就会习得性无助。因为她必须时时警惕，不知道下一次挨打什么时候到来。而且，因为对方根本不可能改变，她不得不反思自己，误以为自己是触发家暴的开关，责任在于自己；从而变得更小心、更听话、更贤惠。然后，被打的时候更加无力反抗。

社会上也常常有这种看法，认为“有些女人不打不行”“女人就像锣，不打不响”。甚至还有位卖美妆的百万粉丝女大V，号召网友们总结那些被家暴女人的过错；当即就有很多女网友检讨自己“以前做得不好，不会看眼色，经常挨打，现在夹起尾巴做人，就被打得少了”。

然而，我们都知道，即便小羊在下游喝水，上游的狼也会骂它污染水源。这跟羊怎么做是没有关系的。教羊怎么做以便让狼下口不那么狠的，只是狼吃羊的一种策略，他们是一伙的。——是的，平等的男女不是狼与羊的关系，但是有人身控制关系的施暴者与受害人，则分属生物链的两端，是不可能教化的。

很多受害女性仍然反复“原谅”施暴者（其实弱者哪有资格原谅强者），而不离开。原因之一是传统观念是压在女性身上的一重大山；把婚姻看成女人最重要的一件事，为了维持婚姻，不仅可以不要尊严、不怕殴打，有时候甚至可以不要命。

举个例子，一份调查显示：在家暴问题中，有 83.4% 的被调查人认为家庭暴力的成因是“施暴者性格”，41.71% 的人希望施暴者可以受到批评教育，同时 44.13% 的人和 58.61% 的人认为制止家庭暴力的最好方法分别是“试着改变施暴者的心态”和“依法严惩”（《家庭暴力的法律救济制度研究》，见《法制博览》2015 年第 10 期）。说明其中一半受害者，不想离婚，不想解决问题，而是指望让施暴者良心发现，忽然由吃荤改为吃素。

你被打得半死了都不想改变关系，那可以主宰你命运的得益者，凭啥要改变？

实际上，2016 年我国《反家暴法》出台之后，签出的人身保护令，与遭受家暴的人数是不成比例的，并没有预期效果。因为反家暴法草案规定，要申请人身保护令必须以离婚为前提；调查数据显示，只有 28.49% 的家暴受害人会选择离婚。如果受害人不想离婚，那么人身保护令对其而言就形同虚设。

在中国法律还不够完善的情况下，如果当事人没有坚决离开的意志，就基本上永远被禁锢在终身被家暴的境地。全国妇联权益部部长蒋月娥这样形容家庭暴力中的女性遭遇："以沉默隐忍暴力，以分手离开暴力，以暴力消除暴力，以生命结束暴力。"

三

我只想探讨一个问题：为什么离开施暴者、用法律处罚施暴者，就这么难？

当事人的软弱与愚昧，固然是一方面，这造成了一部分家暴案件当中，亲戚朋友或警方的介入，都不足以令当事人坚决离开这段关系；而另一方面，这也与法律的缺失、执法者的轻视甚至站在施暴一方劝受害人顺从有密切关系。

把"家暴"当作"家庭事务"，视为"清官难断家务事"，不能简单地视为执法者的推诿，在某种意义上，这也是我国目前的一种法律精神，希望"家暴"能消弭于无形，大罪化小罪、小罪化无罪。古代的《唐律》中就有所体现，"诸殴伤妻者减凡人二等，死者以凡人论。殴妾折伤以上，减妻二等"。由此可见，在婚姻家庭关系中的暴力，比一般的暴力的处罚轻；殴打妾的处罚比殴打妻的处罚轻，而且处罚的基准是殴伤，重伤才会处罚。妻殴伤丈夫的规定有所不同，妻殴伤丈夫将受到高于凡人的处罚，体现了男女之间的不平等地位。

现代社会也好不到哪里。举一个基层的例子：在河南省洛阳市涧西区法院，一名法官告诉记者，有一年她共经手 337 起离婚案件，其中 303 起案件的当事人曾有遭受家庭暴力的描述，但这些案件最终都以民事的婚姻纠纷案件办理。（见白阳、罗沙、王存福的《反家暴法治之路，有哪些拦路虎？》，《吉林人大》2016 年第 1 期）

还有，在一部分案件中，即使有施暴者的保证书、悔过书或当庭承认曾经殴打过配偶，但法官仍然未将这些行为认定为家暴。在《广州日报》列出的《十万份离婚诉讼》的大数据里，就提到了三种情况都不算“发生过家暴”：

1. 保证书、悔过书内容过于含糊，大多为保证以后不再打骂老婆之类的表述，无法证明殴打的次数和程度。

2. 当庭承认曾经打老婆，但也未明确殴打次数和程度，甚至成为悔过的表现。

3. 对于这类自认材料，将“施暴次数”和“造成一定损害程度”作为认定家暴的标准，即有相当严重的伤害才算。

在这种法律意识之下，别说对家暴进行惩罚，连受害人想离婚都不允许。

按照现有法律的规定，家暴案件只有造成重伤或死亡的严重后果，才会作为公诉案件处理。而在现实中，由于施暴者的威胁、恐吓等因素，处于弱势地位的受害者常常无力自行起诉。26 岁的董珊珊，结婚 10 个月，8 次报警，每次都被劝和，她多次逃走，都被丈夫抓回，活活打死。而丈夫只被判了六年，服刑四年半出狱，又再婚。新娘再次被殴打四处逃亡，此事才被媒体曝光。

基本上，被家暴者如果不是在第一时间就逃出来的话，处境是极其危险的，法律对此几乎没有帮助，甚至反而给受害者多加一道枷锁。

我觉得，每一个陷于家暴困境中的人，每一位具体的执法者，都应该一直默念“家暴零容忍”“家暴不调解”，直到这几个字眼成为每个人潜移默化的行为准则。“家暴离婚诉讼书”的出现，不能算一件坏事，至少让人们进一步意识到，我们生活在多么恐怖的社会当中，更需要去改变它。

“不离，拖也要拖死你”的婚姻难道还少吗？

> 女人的婚姻，比女人的命重要，更比女人的自由意志、女人的幸福重要——只要男人还要你，打死你你都不该离；除非男人休妻。

*

一组触目惊心的“河北魏县女子惨遭家暴 20 年”图文在网上刷屏。我们看到，这位中年妇女浑身上下都是暗红色的淤青，惨不忍睹。然而，去了解原委，更令人惊叹。原来，这位女士常某与丈夫程某结婚 25 年，就被家暴了 25 年。

> 2002 年，程某因抢劫被判入狱，常女士怕邻里说闲话没有离婚；之后陪出狱的丈夫外出打拼却惨遭背叛和囚禁，甚至被迫给情妇洗衣做饭。常女士曾多次逃走，程某带上地痞流氓提刀追到娘家抓人，甚至威胁要杀她全家。接到报警后，当地派出所也曾出警，却表示：“像这样的家庭矛盾，派出所也实在不能干涉太多。”（据《时代法制报》）

据报道，此事经媒体披露后，魏县县委县政府高度重视，相关部门第一时间迅速行动。魏县法院不但对常某提出的离婚诉讼请求已接受立案，还“正式批准了家暴受害妇女常某的人身保护令”。

可如果没有经过媒体和社交平台的广泛传播呢？对方带刀上门、威胁杀全家，也逃不掉；报警警方也以家庭矛盾为由不处理；甚至，在程某坐牢期间，常某去探监时还会被暴打、被暴力威胁——为什么这些时候就不能干涉？

二

越来越多的新闻让大家发现，女性单方面想离婚，是一件非常困难的事情，尤其是在涉及家暴的案例当中。《中国妇女报》官方微博的文章中，谈到一个案例：

> 今年6月，浙江省金华市一名网友向我求助，说她的母亲遭父亲家暴多年，看到大街上宣传《反家庭暴力法》，就鼓起勇气去法院起诉，结果法院并没有判决离婚。向法院申请人身保护令，也不成功。其间，该名网友的母亲又遭到殴打，遂到派出所报案，结果却被怀疑说谎，派出所辅警说她是疯狗，还要把她赶出派出所。（出自《“女子惨遭家暴20年”刷屏，不能所有“高度重视”都发生在媒体报道后》）

再举一个例子，南宁邕宁的人民法院很高兴地宣扬他们的政绩：

有一对夫妻矛盾不断，丈夫疑心重，大闹妻子的单位；还当着孩子的面拿菜刀架在妻子的脖子上。妻子要求离婚，丈夫不肯。闹到法院，南宁市邕宁区人民法院“依法判决不许离婚”，并开出了一张“婚姻幸福处方”。事后，宣传员把这当成一桩美事来弘扬：“我们挽救了一对有可能和好的夫妇。”

当然，他们不会想，如果该女性再次被家暴，甚至被架在脖子上的刀砍下去死亡了，法院“不许离婚”的判决者要不要负责；大概，也像董珊珊案中坚决不判离婚的法官一样毫无内疚吧。

还记得吧，某些民政部的办事人员“假装打印机坏了，不办离婚证”，媒体已经多次赞扬过他们“宁拆十座庙、不毁一桩婚”“挽救了多段美满婚姻”的精神了。但背后，会不会因此有人生不如死，甚至干脆就被害死，他们就不关心了。

女性饱受虐待、苦求离婚而不可得，是近年来常听到的新闻。当然，我相信这是一种“注意力偏差”，人们在关注某个问题之后，就会觉得类似的问题特别多。但实际上，这类事情一直都很多，只不过不成为新闻，无人关注。只有当越来越多的类似事件酿成了恶性犯罪、引起轰动之后，这种普遍存在的社会现实，才有望浮出水面。

2017 年年初的“十万份离婚起诉书”中，大量的数据说明了这点。其中，妇联系统每年受理四万到五万件家暴投诉；近 10% 的故意杀人案件涉及家庭暴力。女人的婚姻，比女人的命重要，更比女人的自由意志、女人的幸福重要——只要男人还要你，你就不该离；除非男人休妻。女人是不允许休夫的。在社会层面还普遍存在着这种意识，甚至基层法院、执法者中也存在这种认识。

但是，法律不是规定婚姻自由吗？什么时候变成了“结婚自由，但不许离婚了”？

“被家暴者为什么不能爽快离婚”这个问题，需要针对具体案件进行讨论。虽然有人指出不乏“妻子被暴打，警方要抓丈夫，妻子反而护住丈夫”这种生动的故事，但是，这普遍吗？是全部事实吗？

另一方面，违法者的家庭成员是否同意违法者被捕，是执法者需要考虑的第一要务吗？当然不是。因为在别的各种案件当中，违法犯罪者的妻儿阻挠，根本不可能成为不执法的理由。

不处理“家庭内部事务”，并不是顾及妻子感受，相反，这是妻子报警求救时警方的怠政。不信可以看，还有一个案例：山东一女子被长期家暴却离不了婚；她只好伪造他人身份办了离婚证，逃到新疆，结果马上被以“伪造证件罪”网上通缉，刑事拘留。

被殴打者本身的懦弱和纵容，也是一个原因，但绝不是重要原因。当受害人一次又一次去法院上诉、请求离婚、刀架在脖子上都离不了婚的时候，对法律正规渠道的彻底绝望，才迫使受害者更不敢诉求公正，除了加倍地驯服，更无他法。

现实的司法实践中，第一次起诉离婚如果有一方不同意，判离的可能性就很小。我们知道，假设一方是被家暴、被虐待的话，她 / 他在家庭中是绝对处于弱势的，很难找到机会一次又一次地上诉。

在这些案例当中，要靠“拼次数”来证明离婚的“诚意”，是不是就相当于古代“告状”之前要“滚钉板”？不说把对方绳之以法吧，就算简单的要求离婚，也得先滚几遍钉板。那么，谁还敢结婚？

二

以上说的，是一种较为极端的情况。但现实中，更常见的是种种利益的牵涉。比如，房产的价格越来越高，一套八百万的房子无法分割，或者孩子高额的留学费用难以勾兑，谁也不舍得放弃巨额的“纸上财富”，不得不维持着名存实亡的婚姻。

不过，这种情况至少双方是有沟通和默契的，双方都认可的；这里不多做讨论。但那种其中一方放言“不离，拖也要拖死你”的婚姻难道还少吗？

我感觉社会状况之复杂，存在着很多看似完全矛盾的鸿沟。一方面，想离婚的男性被他们精明或执着的妻子困在婚姻当中，另一方面，更有不堪忍受的妻子在拳头的威胁和法院的阻挠之下，继续被虐待。两者都是存在的。

中国作家哈金曾写过一部小说《等待》，获得美国国家图书奖，讲述的是一位叫林孔的军医近二十年间的感情故事。林孔受家庭安排，娶了没有文化但很贤惠的妻子淑玉，两地分居，没有感情。林孔后来爱上了同事护士吴曼娜，决心与淑玉离婚，但淑玉不接受。根据军队里的规定，如果分居满 18 年，婚姻可以自动解除。但那个年代，“乱搞男女关系”又是一项非常大的罪名，他又不敢与曼娜在一起。一年又一年，就这样等啊等啊……

虽然与时代背景有关，但它仍然是当今现实的一种强化版。告诉你婚姻是苦熬，是修行的，都是这个调调。很多五六十岁的父母们，往往都会劝：忍一忍吧；人生就那么几十年，眼一闭就过了。连那种二十岁姑娘、小伙写的鸡汤号，法院开的“幸福处方”，告诉你的都是，婚姻就是迁就、就是忍让、就是宽容。说得更直白一点，就是弱者宽容强者，受欺负的宽容欺负人的；唯有这样，不平等的婚姻才能延续下去。

很简单，这桩婚姻对谁好处多，谁就更渴望维持；谁在婚姻中能力较弱，谁就更不想离婚。如果吃亏的一方不想继续吃亏，婚姻不就解体了吗?

如果仅仅把“好处”理解为经济利益或者现实利益，显然，是没有理解到“婚姻”这个符号在中国的复杂意义和全部价值。比如，哈金的《等待》当中的那个妻子，在婚姻中没钱没性，她又得到了什么好处，为什么死也不肯离婚?不，她得到了好处，那就是“结了婚”“有老公”这个头衔。

在很多地方，“成功地结婚”是一个极为重要的成功标签，比经济利益、人身自由等都更重要。“婚姻至上教”是势力极为强大的流派，他们告诉大家，保留婚姻，就可算是最大的利益了，哪怕剥皮拆骨，也没有这个名声重要。对女性尤其如此。

否则，你就根本无法理解为什么这么多女人在婚姻中只有付出、一无所得，还不肯离婚。

否则，你就根本无法理解为什么基层执法体系和基层法院，均以“阻止他人离婚”为荣了。因为他们真心地相信，不让女人被“休”，就是功德无量啊。

“拖死对方不离婚”的心态，其实就是知道自己不值钱，自身的价值远低于对方，在没有办法实现人生价值的情况下，通过自毁去毁掉对方来刷存在感。

可是，你们真认为自己就那么廉价吗？

事实上，婚姻是一个契约，它是用来增加一个人的幸福感、安全感，增加一个小小共同体的经济能力、抗风险能力，共同抚养（可能有的）孩子的契约。但当后面的这些目标不能实现，甚至完全起反作用时，坏的婚姻就应当坚决摒弃，当一个破鞋子一样，毫不留恋地扔掉。

自己的人生，比婚姻重要得多。结婚是自由的，离婚也是自由的，婚姻是自由的。

自我碾压不是美德

> 对女性提出的是“圣母”的要求，对男性提出的则是“人性”的标准。——这里的人性，就是自私，甚至是贱人的标准。

*

新闻都是要连起来看的。

一

看到微博上有人在感慨身边的事，说是某男青年，28 岁，家中独子，确诊肝癌晚期，时日无多。他的妻子，在得知这个消息后，打掉了腹中五个月的孩子，并提出离婚。虽然男青年的父母希望用房产和两百万，换儿媳生下孩子，但她还是执意打掉孩子。

博主感慨，这女人应该把遗腹子生下来。

生或者不生，很难说对错，以当事人——也就是儿媳——的决定为准。公公婆婆希望用钱留下儿子的孩子，算是讲理；女人才二十多岁，想过自己的生活，不想生下一个有基因缺陷风险、没有父亲的孩子，也是对自己、对孩子的负责。

从我的角度来看，一套上海的房产加两百万，再加上不用她带小孩，都没有打动这位儿媳；一看她就是不拜金、不见利忘义的女人；我更赞同她的做法。

女性如果没有做好当妈妈的准备，就不应该生孩子；而做好准备、怀孕之后，情况却发生重大变化，如丈夫去世，这个妈妈就应该重新衡量一下孩子的养育条件是否合适了。

始终保证孩子在力所能及的环境下出生，这样才符合子宫道德，才能保证人类文明的传承。

小孩一旦出生，就是一个独立的个体，他从来不应该为了什么传宗接代而存在。

只是，微博下面的评论里就骂得很难听了。“让男人绝后”“不道德”“凉薄自私不负责”……

第二个故事则相反。

有个女人，得了癌症，晚期；她对丈夫说，我去化疗了，你做饭给女儿吃吧。丈夫说，别治了吧，没什么钱了。妻子说好。本来还要去化疗的，丈夫说，别去了，保守治疗吧；算我对不起你。女人说，好，我回来给你和女儿做饭。

看到这个对话截图，唯有叹息。从语气来看，妻子虽有求生意愿，但在家里她是毫无地位的，命是掌握在丈夫手里的。

在癌症晚期治不好、经济条件又不够好的前提下，丈夫要求妻子放弃治疗，虽然很残忍，也很难斩钉截铁地说对错。但令人心寒的是，化疗中的妻子，仍然在给丈夫和女儿做饭；临死前，丈夫还要把她从化疗的路上截回来做饭。

很难想象，让一个癌症晚期的濒死病人伺候，是一种什么感觉？是特别有成就感吗？

二

这两则新闻，虽然都是癌症晚期，指向并不太一样。

很多时候，我们面对生死的态度，是很难经得起考验的。这里仅仅谈论夫妻之间的生死观。讨论的前提是：

1. 相信人类有趋利避害的本性，有自私的基因；也相信偶尔出现的发自内心的超越个人情感的伟大。

2. 自私，是利己，指不帮助他人（包括配偶），不为他人奉献牺牲；但也不会落井下石、坑害别人。后者不叫利己，叫坏。

3. 不持双重标准。尤其在男女问题上，对男性怎么评价，对女性就怎么评价；当然，女性付出生育和养育的代价，这点是加权项，必须考虑在内。

4. 不持双重标准，包括：不用贱人的标准来要求自己，不用圣母的标准来要求别人。

有了这些原则，再看是与非就很简单了。

第一件事中，想用钱收买儿媳生孩子的公婆，是出于利己，不算错；不想生下没有爹的孩子的儿媳，也是出于利己，不算错（从孩子的未来来说，她这样做更对）；但因为儿媳的选择而骂她的人，则是道德绑架，想把女人架到圣母的十字架上烤，属于双重标准的坏人。

第二件事中，男人放弃给妻子的治疗，出于利己，情有可原；但癌症晚期有多痛啊，还要妻子回来做饭，榨干妻子的最后一滴生命，是为贱人。

问题在于，我们这个社会对于男女经常奉行着不同的标准。

我们都知道西式婚礼上有这样的结婚誓词："不管是贫穷还是富有，不管是健康还是疾病，我都爱你、尊重你，直到死亡将我们分离。"这个誓言，是双方的承诺。

但现实当中，如果考虑到生病了需要高额的医药费，需要人照顾陪护，别说是夫妻了，"久病床前无孝子"；出于现实考虑，被配偶嫌弃或放弃，"大难临头各自飞"，是很难避免的。

我不认为这种放弃是对的。但人有利己天性，很难苛求每个人都按照最高道德标准来行事。

问题在于，现实当中，常常对女性提出的是"圣母"的要求，对男性提出的则是"人性"的标准。——这里的人性，就是自私，甚至是贱人的标准。

微博大 V@ 顾硬硬 说道：

"我有个女友专门做帮中国癌症患者对接相应领域名医的生意，

数年来她们公司积累的数据表明，丈夫患重症恶疾时妻子舍财为其治病的数量，远远高于妻子患病时丈夫如此行事的数量。你可以说第一种情况是因为丈夫的收入在家庭里举足轻重，这是否意味着收入不如老公高的女人都该等死，家庭妇女尤其活该呢？”

这个话题，很多医生写过帖子吐过槽：在重病房里，只见过老头子生病了，老太太一直陪在病床前；而老太太重病了，老头子陪在病床边照料的，十中无一。

当然，这个问题我给不出数据，只是一种直观感受。不信的人，可以去医院的慢性病房观察一下。你见过老头子天天煲好汤、用保温壶送到医院给老伴的吗？病榻边，是男人照顾女人多，还是女人照顾男人多？

有网友表示不满：“家里穷得叮当响，看不起病上不起学盖不起房子，男人一般会尽量维持这个家不离不弃，女人很可能抛弃孩子抛弃家跑了私奔了……”

但问题是，这个家，是男人的家，还是女人的家？女人在这个别人的“家”里面，能够得到足够的尊重、吃饱穿暖、说了算吗？穷得叮当响的“家”常见，穷得叮当响的家里，还能够老老实实地不打老婆、不好吃懒做、认真打工赚钱的男人，基本上不存在。

你有啥资格拉一个人到你的“家”里受虐？

还有，中年三大喜，“升官发财死老婆”，也不是浪得虚名的。贫贱时的妻子，已配不上今天升官发财之后的你了。

今人身体好，寿命长，只好离婚，实行每隔十来年就换一个妻子、每任妻子的年龄永远都二十五岁的“连续性多偶制”。

这样的表现从历史来看就很分明了。宋朝时因为科举的普及，“朝为田舍郎，暮登天子堂”之事常有，所以富贵易妻非常常见。

女人是用来共患难的，而不是共富贵的。不共患难，是女人的道德不行；但不共富贵，则变成了是男人的基本人性。

“富贵易妻”我没意见，“连续性多偶制”我也理解了，就当作趋利避害的“人性”好了。但不共患难、不给马上要病死的丈夫生遗腹子，当然是更为重要、更为合理、更符合生物进化的“人性”。

只可惜，男人普遍都具备“人性”，而女人，被教育得扭曲了“人性”，毫无“人性”，只有自我奉献和自我碾压的“道德”了。

三

上面说的是“死”的例子，再来说一个“生”的例子。

看到天涯一个生殖健康门诊医生写的帖子，她在相关门诊工作十来年，凡是说不孕不育、前来选择医学手段尝试怀孕的，全部都是男人“不育”，无一例外。为什么呢？因为如果女人不孕，绝大多数男方和婆婆会直接离婚，根本不会有后面的事了。

评论里，网友纷纷举出了自己身边的例子。最典型的是，一位当上了高管的妻子，多年没生孩子，只好辞职在家备孕，仍然没怀上。丈夫要求离婚。刚离婚妻子居然发现已怀上了，两人又高高兴兴地复婚；周围的人都认为这是大团圆。

只能说，这女人还挺可惜的，上天给了你一次这么好的机会让你认清楚对方的真面目、想把你解救出来，你都不好好珍惜；以后当你作为一件工具失去利用价值的时候，你咋办呢？

不排除有些夫妻双方商量好了丁克、不生育。但想要孩子的妻子，如果丈夫不育就愿意通过人工技术手段来生孩子；想要孩子的丈夫，如果妻子不育就直接换妻子——这种双重标准，也真是一大特色了。

谈到“传宗接代”，显然又与传统认知有关。

老实说，在传统当中，老婆不能生子（尤其是儿子）、有病，本来就是法定会被休掉的。七出，语出《仪礼·丧服》，是中国古代的法律、礼制和习俗，只要妻子符合其中一个条件，丈夫及其家族便可以要求休妻。包括：无子、淫逸、不事舅姑、口舌、盗窃、妒忌、恶疾。

女人没生孩子和生了病，被单方面休掉，这本来就是古代男性享有的特权。并不是因为女人的运气不好，没有碰到好男人；再好的男人，也得遵守当时的法律法规。

女人能不能主动离婚呢？也不是绝对没有。在对女人的束缚较少、贞节观不是特别严苛的朝代里，称之为“义绝”，《唐律》里有明确的界定（我仅摘录与女方有关的部分）：

1. 殴妻之祖父母、父母，杀妻之外祖父母、叔伯父母、兄弟、姑、姊妹。

2. 夫妻祖父母、父母、外祖父母、叔伯父母、兄弟、姑、姊妹自相杀。

3. 夫与妻母奸。

4. 夫将妻妾嫁予监临官或出卖妻妾。

简单地说，就是如果丈夫杀伤女方的直系亲属，双方亲属自相残杀，丈夫跟丈母娘私通，丈夫要卖妻子的时候，妻子可以要求离婚。

女人离婚的代价实在太大了。李清照二婚，嫁的张汝舟是个混蛋，离不了婚，怎么办？揭发丈夫有罪，方才可以离婚；不过，妻子告丈夫，告得准了妻子也必须坐两年的牢。——相当于不可能离婚了。

当然，明朝以后就想都不要想了。公主嫁给马上要死的痨病鬼，都要老实地守一辈子寡，平凡女人就连个东西都不算了。

我知道，这些不是今天的法律。今天的《婚姻法》里写的是“实行婚姻自由、一夫一妻、男女平等的婚姻制度”。

但显然，“传宗接代”是古代的传统观念，“绝后”是古代的传统观念；现代的平等的法律不能让他们利益最大化，他们必然就动用古代的习俗来维护自己的利益了。

我以为，很多社会现象大家吵翻天，不是因为对事情不了解，而是动用的价值尺度不一样，甚至完全相反。一部分人活在前清，一部分人已进入现代社会，大家操着不同的语言来争论，比巴别塔还难搞。

男权社会里的男性，他们有一点“人性”是很鲜明的：竭力维护自己的利益。

但女性的问题是，太多性别为女的人，丢掉自己“利己”的天性，损害自己的利益来为男权张目。

——他们把这个美化为“道德”。一旦有别的女人不肯损己利人，就是“不道德”“好自私”。

在这一点上，女人，应该向男性的“人性”多加学习。

就算是明星出轨，婚姻里的财产也比人更重要

> 婚姻当中的女性，真是太不爱惜自己的财产了。

*

2017年底跨越到2018年，娱乐圈有一个大八卦：李小璐疑似出轨嘻哈歌手PG One，贾乃亮先是维护妻子，但很快，事情就发生了转变。

一

从贾乃亮在新浪微博上发表的文章来看，那是与妻子的一种切割，保护了自己的形象，以受害者的姿态维护了自己的声誉。

果不其然，“太惨了”“好可怜啊”，大家纷纷打赏。一天之后，一百多万评论，四百多万点赞，打赏已超过200万元，有人甚至反复打赏。后来，贾乃亮关闭了打赏通道。

当然，贾乃亮并不是想通过这样的方式赚钱。微博大V在发表微博文章时，打赏通道都是默认开启的。而且，靠着“绿帽”这样的事来赚赏钱，他大概想一头撞死吧。

有评论文章批评贾乃亮的这封信把李小璐进一步置于不义之地，

是在坑老婆。我没有别人那么苛求。虽然这是实情，但人都是利己的，既然与李的捆绑、好家庭人设彻底坍塌，成为负资产，把她撇掉，也是符合逻辑的。李小璐有错在先，在准备分手、离婚、撇清的前提下，还苛求贾乃亮有情有义、大包大揽，未免太“圣母”了。

是的，很多时候并不公平，马伊琍、佟丽娅的事业比丈夫更强，但对方出轨之后，她们宽宏大量地包揽下来了，保护了丈夫。但反过来，可从没见过女方出轨男方包容的。

唯独有一点，我觉得算得上公平：贾乃亮的这篇文章的打赏，理论上来说，是婚内共同财产，有一半是属于李小璐的。

一想到这一点，我就觉得蛮好笑的。

男女应该平等。但这个平等，不是拉高，不是要求每个人都有圣母一样的包容心和纯洁的道德；但可以建议每个人在自利（而不主动损人）的情况下为自己着想。说白了，你不能要求男人像女人包容男人出轨一样包容女人出轨，但建议女人像男人甩包袱一样甩掉不争气的负资产，是符合实际的。

这方面，男性做得比女性好得多。

就刚刚说到的“200 万元打赏”这个问题来说，也是一样，当若干女明星得跟丈夫有难同当、偿还丈夫的债务的时候，有些女明星也可以跟丈夫“有福同享”，哪怕这笔小财是丈夫写自己被老婆“绿”的痛苦的。

有意思。

二

婚姻里的劈腿或出轨倒也罢了，感情的事恐怕自己也说不清；经济利益才是婚姻的本质。有钱人联谊是考虑到分配财产、调配资源，共利共惠，普通人是互通有无，降低生活成本，提高生活品质和抚养幼儿的效率。

即便哪天贾乃亮与李小璐分开了，两人如何算钱，跟谁对谁错没关，而跟谁请来的律师更牛有关。

记得王宝强与马蓉闹离婚后不久，王宝强自导自演的《大闹天竺》上映。之前传说马蓉担任制片人，大家纷纷担心去看电影的票房还要贡献给马蓉，左右为难。其实，这部电影票房六亿多元，上映时两人尚未离婚，不管马蓉是否担任制片人，王宝强通过这部电影获得的收入当中，都会有马蓉的一部分，这是夫妻共同收入。

这恐怕会让“正义感爆棚”的人气炸吧？可法律本来就如此啊。出轨并不算《婚姻法》中定义的“过错”，不影响财产分配。转移财产才算“过错”；而且，此前的公司股份有多次更改，这才影响到马蓉最终分到的钱。

从来不存在“出轨就要净身出户”，那是完全不懂法的人在瞎嚷嚷。

事实上，大家观念当中，对于男女的标准就是不一样的。也没见有谁会担心支持了马伊琍或佟丽娅的作品，就是给文章或陈思成送钱吧?

这是因为，中国女性有独立财产的历史还非常短。一般人的脑子里并没有女性也应该保护自己财产的概念。除了少数特别明显的特例，大家总把夫妻共同财产视为丈夫单方面的财产，分一点给女人用而已。当女人有“对不起”男人这种情况的时候，女人就应该光着屁股滚蛋，不配用“男人”的钱。

为什么不相关的陌生人恨马蓉还恨得那么振振有词呢?因为在很多人的观念里，男性应该占有家庭财产的主权。这个钱，是王宝强个人的钱。女人出轨并转移财产，他们恨不得帮男人把淫妇兼毒妇千刀万剐，伸张正义。而男人出轨并转移财产，那只怪女人“贪钱”“不小心”“没眼光”，自认倒霉吧。

说到这里，我想起当时马蓉得到一些女性的赞许，认为她只是干了很多男人常干的事，只是学会保护财产，未雨绸缪。这我当然不能认同。先把出轨这件事放在一边，就论钱这个问题，马蓉还是脑子不好使。她不是用这笔钱来好好经营自己，投资也好、创业也好；也不是好好调配股权，以最终操控公司，而是把钱转移给了父母，转移给了情人。

真是被她蠢哭。带着一个男人的钱去讨好另一个男人，这种智商，怎么算计得过已在娱乐圈跌打滚爬成了人精的王宝强?

总而言之，婚姻当中的女性，真是太不爱惜自己的财产了。也因为如此，当她们好心的时候，会被对方作践；当她们稍微想起来自私、起一点坏心眼的时候，就会被迅速剿灭。经验还是远远不足啊。

三

现实当中，常见男性的收入比女性高，他们进行的社会活动、商业活动比妻子多，人际关系也比妻子复杂——所以他们隐匿财产，甚至制造债务，都比女性容易。而平常温柔贤惠的妻子，一旦被迫离婚，就只能傻眼了。

还有一则事件引人注目：小马奔腾创始人李明突然离世，其所涉债务便落在了他的遗孀金燕头上。一审判决下来了，金燕负债 2 亿元。

这个案件涉及很多问题，不细说了，重点在于：对赌，不等于借债，这个钱从来没有到过（也无须付款）李明手里，更谈不上"用于夫妻共同生活"了。金燕说："当年的'对赌协议'，我没有签字；巨额的投资款项，也没有用于夫妻共同生活；我甚至都没有持有过小马奔腾的股权。直到他去世了我被临时推到董事长兼总经理的位置，我才知道了'对赌协议'的存在。"

这一案件成为《婚姻法》司法解释二第 24 条有史以来额度最大的案件，仅诉讼费就高达上百万。

《婚姻法》第 24 条的司法解释，自 2004 年 4 月 1 日施行以来饱受诟病。它的要义就是，夫妻关系存续期间单方面欠下的巨额债务，债主可以向另一方无限追讨。这样，就产生了很多丈夫串通外人制造假债务，然后离婚逃走的案例，而妻子就会背上几百万元的债务。人在家中坐，锅从天上来，把她给砸傻掉。

之后，有多个“《婚姻法》24 条”受害群，大量被丈夫虚构的或者串通捏造的债务所坑害的离异女性在寻找法律援助。对于很多普通的女性来说，单身带着个孩子，卖房还债之后，还有几百万元的缺口还不上，那真是生不如死啊。

所以，呼吁修改“24 条”司法解释的声音逐渐增多。

后来，“24 条”的新司法解释出炉了，其中增加的一条就是“夫妻一方在婚姻关系存续期间以个人名义超出家庭日常生活需要所负的债务，债权人以属于夫妻共同债务为由主张权利的，人民法院不予支持，但债权人能够证明该债务用于夫妻共同生活、共同生产经营或者基于夫妻双方共同意思表示的除外”。这条被简化解释为“共债共签”。至少，单方面欠下巨额债务没有那么容易了。

但我的问题就是：法律的司法解释是中性的，并无男女之分；但为什么受害女性十倍、百倍于受害男性？

我不想用男人的品行比女人败坏得多来作为结论。从好的一方面想，男性，对于钱、对于财产怀有高度热情，对于如何利用法律漏洞来谋取好处殚精竭虑、千方百计，这不就是他们的特长吗？值得女性好好学习。

传统文化的家庭当中，丈夫是毫无疑问的户主，家庭财产全都是他的；不仅如此，连妻子也是他的财产。但现在不一样了。法律本来就给予了夫妻双方同等的地位。女性如果再不确立起好好保护自己财产的价值观、“财商”比不上人家的一个手指头的话，那么，不管“24 条”怎么修改，都一定会被坑的。

当然，贾跃亭跑路美国，妻子甘薇在国内替他还债，笔笔都是以亿来计算；刘涛为丈夫还债过亿，当个贤妻；这些路都是她们自己选的，她们也许能从中得到乐趣。敬她们是条汉子。

但那些被卖了还帮着数钱的女性，则是真傻白甜。女性再不引以为鉴，就傻了。

从这个意义上，我希望女明星千万别羞涩地被“贤妻”和“道德”打倒，财产还是更重要些，该争取的还是要争取。

辑五

别急着伟大，先好好活着

歌颂那些明知自己身体不适合生育、一生育就会死还坚持生育的妻子，歌颂那些为了保小孩而自愿死亡的妻子，其实就是一种对生命权的掳掠。

没有土地，女人什么也不是！

有恒产者有恒心。女性也一样。

*

就中国的农村女性有没有宅基地、该不该有宅基地的问题，在微博上曾有几轮争论。

一派说，农村女性当然都有宅基地，法律不是规定了跟农村男性一样吗？

一派说，农村女性干吗要宅基地呢？这个地没啥用。或者，老公有地就行了，难道夫妻两人一人一块地？

一派说，农村女性应该拥有宅基地，但目前普遍不具备这些条件。

大家会想起来炒这个话题，大概是与全国妇联提交的“保障农村妇女宅基地权益”的提案有关。

这个问题，太值得关注了。

中国是一个农业大国，虽然今天城市化的进程越来越快，但刚刚洗脚上田，思维里还带着太多小农经济的意识，摆脱不了传统带来的根深蒂固的影响。比如，一富起来就买地（房），视儿子为传承家业的“苗”……这些观念，即使我们住上了洋房、开上了洋车，很多人也摒弃不了。

这里所说的宅基地使用权，就是土地使用权，是最重要的财产。

这个话题，与性别有关，也与土地有关。它是理解农村女性地位的最关键的钥匙，用这把钥匙，同样能解开被吐槽最多的“彩礼问题”“房子问题”，以及建立在土地和财产上的所有的性别不平等。

一

我想起《乱世佳人》，那个在南北战争时结了三次婚又三次失婚的郝斯嘉，当她的丈夫白瑞德终于决定离开她的时候，她受了很大打击；但一看到她的庄园、她的土地，她又满怀信心了，“明天，明天又是新的一天”。

有恒产者有恒心。女性也一样。

农村宅基地，指农村村民基于“村民”的成员身份而享有的、可以用于修建住宅的集体建设用地，农民无须交纳任何土地费用即可取得，具有福利性质和社会保障功能。盖在宅基地上的房屋是固定资产，是农民最有价值的资产。假设拆迁，还能因此获得巨额收益。

全国妇联关于“保障农村女性宅基地权益”的提案的大意是，按照“从夫居”的传统，农村妇女的土地承包权益和宅基地使用权既不稳定，也不长久。应保障农村妇女的宅基地权益，记载到不动产登记簿及权属证书上，让女性对家庭财产享有平等权益。

目前的农村女性有没有宅基地？比较普遍而悲观的看法是：没有。不仅没有财产，她们本身就是待分配的财产。

我举一下典型的例子：

> 说说我们那里农村女性的情况：她们是没有土地的，娘家的土地，兄弟们都分了，嫁人后，婆家的土地也跟她没什么关系。她们也没有宅基地，因为宅基地是按户分的。她们如果离婚，就真的是一无所有、没地方去了，娘家是回不去的，婆家更不可能有你栖身之地。（@我是落生）
>
> 即便在广州、深圳的城中村或近郊，农民的宅基地也是只有生男孩的才可以分，生女儿的一概没有，好点儿的村最多只是未嫁女性可以分点儿村里的出租地红利。那农民怎么不想生儿子？不生儿子连多建个房子都没地，死后，辛苦一生建的房、耕的地都要还给村里。（@拖延派掌门）

许多人都用自己家乡的经验，验证了上述看法。

这就解释了全国妇联的官方微博“女性之声”中提及的问题：

> 传统是“从夫居”，女人迟早都要嫁人，在娘家，女儿就是泼出去的水，是不会有宅基地的，娘家只会把它全都留给儿

子；嫁入婆家，她可以作为丈夫的家庭成员共享宅基地。但万一她不结婚呢？万一她离婚呢？

上无片瓦、下无寸地。

可以说，几千年来农耕文化中女性地位的低下，与她完全没有土地、几乎没有财产密切相关。你吃别人的、住别人的，虽然你为家庭付出了很多劳动，但你的劳动不能货币化、约等于什么都没干；是否承认你的价值，完全倚仗着男性的“良心发现”。

但男性的土地、宅基地、房子，并不是他劳动得来的，而是他生为男性到了一定年龄就会自动拥有的东西。女性只有成为男权的附庸，父亲的女儿、丈夫的妻子，才能共用这种权利。

农村女性地位低下到什么程度呢？

据英国医学杂志《柳叶刀》（*The Lancet*）上的一篇论文，自杀已经成为中国年轻人最为常见的死因。中国自杀率偏高，约为每年十万分之二十三，而世界其他地区平均自杀率仅为十万分之十，中国自杀率是国际平均数的 2.3 倍。

每年，中国自杀者数目大约是世界总自杀人口的 1/3。农村人口的自杀率为城市的 3 倍。同时，中国妇女的自杀率超过男性，达 25%。在有确切自杀率统计的世界各国中，中国是唯一的女性自杀率显著超过男性的国家。

为什么农村女性自杀率这么高？因为无路可走啊。没地没钱，一呼一吸都要仰仗别人，万一离婚了，那就糟糕了。（不过，近十多年来中国自杀率陡降一半，已跌至世界最低行列。就是因为农村女性大量进城打工，脱离了农村家庭这个对女性极力打压和凌辱的环境，找到了出路。这是后话了。）

这种情况下，彩礼高，可以理解了；堕女胎可以理解了；“无妈村”可以理解了；男性比女性多 3000 万也可以理解了……

土地就是财产的核心。

现在农村的女人越来越少，除了选择胎儿性别之外，还因为，只要女性一离开农村，很少会回来了。没土地没财产，没有什么可以失去的，赤条条来去千里无牵挂。她们是农村最坚决的反叛者。

二

只要规定男女都有同样的宅基地权益，这个问题就迎刃而解了？

从来都不会那么简单。

实际上，宅基地分配的现行规定里，没有一条是与性别有关的。比如，农村村民可以申请宅基地的情形，第一条就是“年满 20 周岁的本村村民，因结婚等原因确需建设新房分户缺少宅基地的”，后面的几条，也无一对性别进行约束。［参见河北省高级人民法院发布的《农村宅基地 24 问，这里有最全的回答》（2017 年 6 月）］

宅基地的分配，理论上是不分男女的；男女村民同等享有宅基地的分配权。

不仅如此，法律法规还反复强调要保障女性，如《妇女权益保障法》规定，妇女在农村宅基地使用方面，享有与男子平等的权利。2014 年中央一号文件在论述“三农”问题时，还特别提出要保护农村妇女的土地承包权问题；此外还有多个文件都特别提及；足见这一问题的严重性和重要性。

可惜，用处不大。法理意义上和现实层面，完全两回事。

就像在《婚姻法》里规定，孩子可以随父亲姓，也可以随母亲姓。请问，你见过随母亲姓的人有多少？现在但凡有个要求孩子随母姓的帖子，评论里都会吵个天翻地覆，很多人完全不能理解：姓什么有这么重要吗？为什么非要随母姓？

同理，这种争论的逻辑也会用在土地问题上、房子问题上：这块地是谁的、房子是谁的有这么重要吗？为什么女人一定要有土地、一定要有房子呢？

但他们没有想过，如果不是姓氏重要、土地重要、房子重要，为什么男性非要霸占？不仅自己要自己的一份，还要把女性的那一份也抢占过来？

这里提供两组官方数据吧：

曾任全国妇联副主席的全国政协委员崔郁说，全国妇联委托农业部农研中心所做的抽样调查显示，“有 80.2% 的女性在宅基地使用权证上没有登记姓名”。

第三期“中国妇女社会地位调查”显示，2010 年没有土地的农村妇女占 21%，比 2000 年增加了 11.8 个百分点，其中因婚姻变动而失去土地的占 27.7%，而男性仅为 3.7%。（数据来自《妇女研究论丛》2017 年第 3 期，王竹青）

其实，女性地位的这种下降，是肉眼可见的变化。

新修订的《婚姻法》第十八条将原来实行的“一方婚前个人的财产，婚后由双方共同使用、经营、管理的，房屋和其他价值较大的生产资料经过八年，贵重的生活资料经过四年可视为共同财产”，改为“一方的婚前财产为夫妻一方所有”。人们把这一新规定称为婚前财产永久制。

这对于农村妇女来说是一种历史的倒退。女性只要“从夫居”，所有的土地都是丈夫的，你为这个家付出的劳动，以前还能折算成共同财产，现在是完全没有用了。就算拆迁产生了巨额补偿，都跟女性没关系。

三

关于“八成以上农村妇女在宅基地使用权证上没有登记姓名”这件事，我想起朋友说的一个故事：

一年过年时，她回家吊唁舅舅。她的姐姐一个人来，但在嘉宾名录上，没有她的名字，只有她丈夫（外人）的名字；礼金登记处，也没有她的名字，只有她丈夫的名字。她姐姐据理力争。最后，她坚决出了两份钱，一份钱是填她丈夫的名字，再出一份钱，争取到自己也有名字。

出嫁的女人没有名字，哪怕是在自己娘家，只能冠以丈夫的名字出现。

我看了一下日历，没错，是2018年。

传统的力量是多么强大啊。

2014年，中央党校妇女研究中心对21个省1126名土地权益受侵害的农村妇女的调查发现，68%的妇女不能参加分配方案的表决。这个结果并不意外：村干部里，是男性多还是女性多？大概除了妇女主任是女性，村委会的构成男性普遍占有压倒性优势吧？

而且，农村妇女土地权利受侵犯，并不是个人行为所致，而是村领导利用村规民约，对农村妇女土地权利进行公开的、有理有据的一种侵犯。

原因，在新闻报道中就能看到：

> 海南省惠海律师事务所律师王利东近年来代理了不少“外嫁女”的诉讼案。一些案例显示，有的村委会经法院传唤后根本不到庭参加诉讼，而对于法院的判决，村委会、村民小组依然拒绝执行。很多村民表示，如果村干部同意“外嫁女”的

分红请求，下次村民选举就肯定不选他们了。村组长也表示了对“多数人”信任的依赖。(《农村“外嫁女”困局亟待破题》，《海南日报》2012年3月28日)

即便是父母，也不认为女儿和儿子是同等的人、享有同样的权利。甚至女性本身，也心甘情愿地默认，女人就是没土地的，嫁人才有地方住。

现在重新来看这个问题，就会更清楚：“男女平等”是新中国的基本国策之一，理念是很好的；但它是空降到我们这个有着几千年深厚的男权传统的国家上的，没有足够坚实的根基。

这些现代观念，在基层，一直受到强大的男权力量和宗族势力的抵触。他们运用各种方式，阻挠女性分享土地、分享财富、分享社会和文明进步的成果。

农村的土地如是，城市的房子，不也有非常类似的问题吗?

只不过，近些年来，城市的女性也开始强调“房产证加名字”，这给了很多男性压力。它的性质与“宅基地使用权上登记名字”类似，只不过，城市里的房子净值更高，城市女性的权利意识更强而已。

这也算是一件好事。有权利意识，比懵懵懂懂好多了。有一间自己的房间，才能安心，才能有话语权，才能陆续争取到更多的平等。

小城女人被钉死在阶层固化上了吗？

> 比起同样在小城市的男性，这里的年轻女性要突破的，不是职业的天花板，而是意识到自己要争取成为“人”。

*

有一段时间，媒体上一拨一拨的文章，谈到逃离北上广。因为房价引发的生活成本的大幅度增加，已让很多年轻人吃不消了，他们想回到自己的家乡，回到自己的小城市。

不过，旋即更多的人记起来了，在那之前的一轮房价上涨后，也有很多人在嚷嚷离开，最后又不得不重回北上广。为什么呢？因为在三四线的小城市里，生活成本虽然低，但赚得更少啊。更重要的是，人们的观念陈旧保守，没有边界意识，盛行搞裙带关系、拉帮结派，无法公平竞争，眼界狭小，暮气沉沉，仿佛一眼就能看穿一辈子了。那些在大都市里生活惯了的人，还是得夹着尾巴，重回雾霾下。

而其中，三四线小城市的女性，特别是年轻女性，一旦在北上广深这些地方待久了，已经没有办法回去了。因为除了工作机会之外，“意识传统保守”是一个更大的问题；如果说对于年轻男性而言，这种“传统、保守”虽然窒息了他们的进取心和活力，但也提供给他们传统男权社会的各种便利和好处，有利有弊；那么，对于女性来说，这种“传统”能带给她们的就只有枷锁。

遗憾的是，如果一位女性从小就生活在一个小城市，不曾见过外面的世界的话，她们往往会以为这种枷锁天生就应该戴在自己身上，这已经内化成她们的价值观了。她们不仅视其为理所当然，还会打击那些敢于摆脱束缚的女人——而这，才是大多数人的现实。

在看一篇文章《在山东聊城，每个家庭必须得有儿子》（署名“杏仁猫”）时，我感慨尤深。作者在文章当中讲述了她的家乡聊城的故事，大家可以对号入座。

> 姥姥去世时，所有男丁，包括刚出生的男婴，都可以在醒目的花圈上写自己的名字；而照顾姥姥一辈子的亲生女儿，没有资格写。而且，他们会用“绝户”这个词，来形容那些只生了女儿的家庭；听起来就像满门抄斩、诛灭九族一样。

在计划生育年代，作者的身边基本上没有“绝户”的人家，一半人是独生子，另一半家庭是一个姐姐和一个弟弟。至于为什么第二胎一定会是弟弟，怎么做到的，你们可以猜。

家长们挤破头让自己的儿子当公务员或入职医院、学校，虽然月收入只有一千多元，却值得家长拿十几万元去买。接着，一定要给儿子娶媳妇；男方要给女方送彩礼，还要给儿子准备婚房。不过，这个彩礼没女儿什么事，彩礼一般落到父母手中；如果姐姐出嫁，彩礼就用来给弟弟娶媳妇。

这些故事非常熟悉，就像在中国无数个地方的日常一样，并不独特。从胎儿开始，就有很大一部分女性被杀死了，活下来的也不被当人；结婚是为了给弟弟换媳妇。换来的媳妇日子当然不好过，一旦怀了女儿，不是被迫堕胎，就是被“绝户”；生了男孩呢，你得想到，周围都不生女孩了，女人贵得很，你得凑钱给儿子买媳妇，否则还是“绝户”。

“杏仁猫”最后说：“在我看来，波澜不惊地重复这样的生活，才是这片土地对人们最大的诅咒。我为这一切感到愤怒和委屈。当作为一个女性的身份意识苏醒，想要自救的第一步，就是逃离此地，自己选择亲密的爱人、从事的工作、要不要生孩子。”

而她之所以能够“苏醒”或“愤怒”，是因为她有幸从家乡逃往了北京，看到了落差。

如果不离开，她或许很难意识到，“每个人都必须生儿子”是不对的；没生儿子的家族，等同于诛灭九族的“绝户”是不对的。意识不到对错与是非便不可能改变，只能世世代代，杀婴的杀婴，绝户的绝户。

好吧，不是我开地图炮，这种现象，在中国很多地方都有，甚至在经济相当富庶的潮汕地区，重男轻女也相当严重。据一些当地的朋友说，至今还有一些年轻人，在交往一段时间后就生孩子；如果是男孩就欢天喜地地去领结婚证；如果是女孩呢，就不给孩子上户口，一直到生下男孩再结婚；如果中间男方改变主意了，女方就自己当单亲妈妈，反正没结婚，男方在法律上可以不负责。心眼儿好的，“会负责的”，甩点钱给你养私生女。

若是问：哪个女人肯呢，明显是坑女人嘛。可是，这是有些地方的风俗，每个人都这样啊，大家默认啊，女人生不下儿子都会自责“都怪我的肚子不争气”啊。有人能意识到不应该接受这种不平等的契约，主要是因为已在相对开明的地区有了自我意识；可如果没有这种观念熏陶，就未必能意识到。

而且，潮汕地区的离婚率也非常低，她们信奉的原则是：只要你给“家用”，老娘才不管你。

还别瞧不起他们，说不定这样的人家，比你在北上广深自视甚高的小白领收入高很多很多呢。

可是，那又怎么样？

我在想，比起同样在小城市的男性，这里的年轻女性要突破的，不是职业的天花板，而是意识到自己要争取成为“人”。

很可悲，她们要做的事情太多了。首先得争取不被堕胎，不在一出生的时候被杀死；接着又要争取平等的上学权利，不必早婚、不必早早卖身来给弟弟们换亲；然后，要争取平等的工作权；还要争取婚姻的自由，不用拿自己来交换彩礼；更要争取生育自由，生不生、生男生女能由自己决定……这个过程，就像原始社会步入社会主义社会一样，仿佛要千百年那么漫长，而她们，只有非常短暂的二十年可以做这件事。

最可怕的是，只要她自己在年轻时、在生育之前没有完成这种苏醒的使命，在现实的挤压当中，很可能就会滑到自己当初的对立面；她的女儿，又得一切从零开始。这注定是一个孤独而痛苦的历程。

我们把目光移开吧，看看在大城市里，那些条件较好的城市精英女性们在忙什么呢。年轻的女孩子们，往往也是独生子女，她们能获得平等的教育机会，从小琴棋书画、唱歌跳舞、多国游历，既能像男孩一样去读书奋斗，也能像淑女一样优雅美丽。虽然每个人天赋与资质不一样，未必能达到理想状态，但她们的起点和过程，是处于高位的。

我有一种揣测：中国的女性与女性之间的阶层差异，远比男性与男性之间的阶层差异大。

我很难数据化，但可以推论，尽管有穷与富，但同一个阶层里，男性仍然是比女性获得更多资源的那个；在贫穷的地方，甚至会把女性的资源都掠夺来供奉男性。而女性呢，在富裕以及开明的阶层，可以获得不亚于男性的投入；而在底层或者愚昧的地区，她们得到的不仅无法与同阶层的男性相比，反而没有任何资源，甚至连生命都可能被夺去。——这样看来，女性之间的阶层差异，就更大了，完全就是天堑。

能知道求生存权，学会被当作“人”，对被困在一个地方的女性来说，已经是非常艰难的觉醒了。

办法也是有的。走吧，远离家乡吧，远离这些“传统”、“保守”、愚昧的家乡，到大都市去吧，出国去吧。读书、打工，养活自己。至少，在那些地方，没人给你枷锁，你能为自己做主。

你们重新回到家乡嫁人，但嫁得出去吗？

> 对体制的迷恋，和对稳定的信任，是一种深刻的嗜痂癖。

*

一年一度的春节，一年一度的催婚、催育、催二胎的盛会，来了，又结束了，大家都返回了工作岗位。

据说，随着乡下的三姑六婆都有了智能手机，她们也知道了亲戚们催婚和八卦是一件多么讨人厌的事，再也不用那种“你结婚了吗？”“你生了吗？”“生了几个？”“你工资多少？”“买了啥车？”“房子多大？”来作为开场问候了，都怕被嫌弃。

但父母的拳拳之心，是不会变的。他们不让你走上他们的道路就不会罢休，如果你肯听。

一

有一年过年时，我看到了一篇署名为“小镇青年”的文章——《父母让她们回小城，父母给她们工作，父母让她们成为剩女》，惊出了一身冷汗。

这篇文章里面，讲了几个故事。

一个故事是：小城剩女们是怎样产生的？

作者在赣东北的一所小城里，集聚了很多大学毕业回乡的女生：从省内师范学校毕业的研究生，到华东师范大学毕业的高才生……

她们普遍受过良好教育，考取了公务员，在体制内有一份稳定的收入。光是作者母亲认识的就有七八个，都成了剩女。

因为，在小城里，考上公务员的男生少，马上就被女生抢光了；接着，事业单位、国企的男生，也会被抢光；即便男方并无稳定工作，家庭条件好，也会被公务员女生的家庭抢走。连村官男青年，也开始受到欢迎。

别以为女生学历高、工作好、家境好就怎么样，再晚一步，连考上村官的男生都要被抢光了。

作者说：

> 我们这里有个现象很好玩，现在都是女方学历高，男孩子学历一般般。基本上都是女方研究生配上男方三本或者二本。
>
> 小镇的婚恋情况完全相反，高配女和低配男的结合成为普遍现象。背后还是一个原因——没得选。

很简单，因为小城里稍微好一点儿的男青年早进了一线城市，不再回来；即便在一线城市待不下去，还有二线省会可以留。留下来的男青年，条件好的很有限。

女生的情况却不同。那些去外面读了好大学的女生，恰恰是父母们比较疼爱的；同样出于疼爱，父母希望她们能够回到身边，在小城里考个公务员，有一份稳定的收入，安安稳稳过日子，最好。

这简直是小城中产阶级女生的传统而又理想、完美的归宿啊！

一看到这篇文章，我马上想到自己。是的，是这样的。我就出生在小城，爹妈都对我很好，认真地供我读书；我高考前，他们最大的愿望是希望我考上当地的某最高学府——一所大专（现在已升格为本科院校了）；然后，毕业留在他们身边，一家人其乐融融。

幸好我考到了上海的一所重点大学；而且，没有一丝一毫回乡的愿望。

父母还很诚恳又很忧心忡忡地对我说："我们没有办法帮你介绍对象了呢，你怎么办？"

我怎么办？我开心得很啊，自由啦。

另一个故事，是作者的初中同学小林，考上了同济大学，最后回到小城备战公务员，在省考考中乡镇公务员，成为小城下属某个镇的职工：

> 一般而言，小镇公务员在岗三四年后，如果小城有编制空缺、父母运作一番的话是能够从乡镇调往县城的。运作靠的也是家庭多年的人脉和财富积累。

这波操作，我真心不懂了。

想当年，我有一位名牌美术学院的朋友，她毕业后曾经在深圳某民营大公司里做设计，拿了户口、分了一套房；但后来她想要编制，把房子退了，辞职进了某小学当美术老师，却也只能算民办教师，不在编，收入不及正式老师的一半；她工作了几年后，花了好多钱，求了很多人，又折腾了若干年，终于转为正式的小学美术老师了。

也许人各有志。但是，能飞的大雁，为什么要羡慕井里的青蛙？为什么宁愿褪毛、剥皮，也要当一只井里的青蛙？这种奇怪的志向，还是有深刻原因的。

二

父母们为什么不会想到：他们的宝贝女儿，条件那么好，还有国字号的公务员身份，要身份有身份，要学历有学历，要贤惠有贤惠，非常稳定，宜室宜家；她们是最好最好的“职业结婚员”了，为什么只能由比她们家庭条件差很多的男生来接盘？

对体制的迷恋，和对稳定的信任，是一种深刻的嗜痂癖。

但也不能怪这些人，因为咱们这个国家近些年的历史，实在是太动荡了，太不安了，到处都是揭开的伤疤，好了伤疤忘了疼，反而会迷恋上这种痂。不惜代价都要吃上“铁饭碗”，生怕社会一变，自己就没饭吃。

可惜，这几十年的历史早已证明，从来就没有什么“铁饭碗”，说砸就砸了。可他们还不信。

其中，对“稳定”需求最强烈的，还是女性。

中国的女性工作率很高，历年来一直高居世界榜首。但又要生儿育女、照顾家务，男女又不平等、男性又不愿意承担家庭责任怎么办？

于是，女性就要找一份稳定的、无须用脑子的、低收入、低竞争的工作，几十年不变；这样，剩下的时间和精力，都可以用来照顾家庭了。

很多人也把这种方式，作为培养女性的指导原则。这是对传统和现代的“完美结合”：女人，既有了现代社会里“参加工作”“有学历”“有收入”的优点；同时，又有了传统社会里“照顾家庭”“贤惠”“贤内助”的优点。齐活了，十分“好嫁风”呢。

但为什么她们的命运并不像预设的那么美好？为什么按这种路径找不到佳婿？

在我看来，这些“好嫁风”的姑娘一点儿也不冤啊：她们从头到尾，没有自己的意志，没有自己的人生，没有自己的想法，贯彻的是父母的观念。她们丝毫不像她们的学历那么优秀，就是一具爹妈安排的傀儡。

至于爱情，她们自个儿连独立意识都没有，要啥自行车啊。

很多父母对女儿是有爱的，但他们从来不认为女性也应该有责任感，也应该为自己的命运负责任，也应该为自己的家族的阶层不下降而努力、负责。

生了男孩，就鼓励他们四海为家，去大城市奋斗；生了女孩，你就待在爸爸妈妈的鸡窝里，受我们的庇护吧。

这种出去读了名牌大学，甚至出了国，再回到爸妈温暖的鸡窝里，接受爸妈安排的婚姻的女孩，最配的，也只能是那些学历、条件样样都不如她们的男生了。

对了，我再给出一个数据吧：女性学历越高越容易被“剩”？不存在的!

> 全国地级市的市辖区在20—39岁的男女性别比平均是1.05，依然是男性数量更多。其中北京1.09，上海1.07，广州1.11。即便是北上广这些有大量高学历高收入女性的城市，适婚人口里面的男性数量依然远远多于女性，而且性别比还高于全国平均水平。
>
> 2010年普查资料显示，20—39岁城市人口里拥有本科和研究生教育背景的男女性别比例为1.06。如果不考虑学历，全国城市人口20—39岁男女比例只有1.0056。也就是说，城市女性平均面对多出0.56%的男性选择。

> 如果都在寻找跟自己学历类似的另一半的话，高学历城市女性的选择权就更广，整整多出 6% 的男性可供选择，更占有数量上的优势。
>
> （引自《性别经济学》，作者刘倩博士，经济学人集团大中华区总裁，中国美国商会职业女性委员会联合主席。）

简单翻译过来就是：在中国，越是大城市，越是男多女少；越是高学历，越是男多女少。

你要是一个大城市的高学历女性，可比你在小城市里选择的范围大多了，更不必说条件还要好多了。

放弃了一片森林，还非要回你的鸡窝，那不是大雁的选择，是井底青蛙的选择。

谁说“30 岁以上的女孩是郊区房？”

> 那就是一个地摊。一个女性角色兜售生殖能力、男性角色出售养家能力的地方。

*

一位 30 岁出头的海归女艺术家郭盈光，去上海人民公园相亲角相亲的时候，被一群替孩子相亲的老头老太太指指点点，称她为“郊区房”，说她嫁不出去。

郭盈光站在相亲角的时候，她写了学历、写了一些让她自己骄傲的条件，结果每个人都不看那些，只问年龄，知道她是 1983 年出生的之后（当时是 2015 年），都摇了摇头：

“这么大，你这个情况麻烦了……”

“这就来晚了。早 3 年，都排好长的队。”

“你看她读到硕士，没什么用。女孩子不要读太多书，读个大专、本科就蛮好的。嫁出去，嫁完生个小孩，也挺稳定的，多好。读了好多书，把自己都耽误了，现在很难配，相当难配！”

“在这里，男的就是银行卡，女的就是房型。你看她，长得还行，又没结过婚，这个房型还可以。但是她年纪大了，所以她这个房子在郊区。”

“郊区房”这个称谓，用来形容条件不错的大龄“剩女”，满满的都是睿智啊。

二

这个新闻，可以和“女博士为啥在相亲角不敢说自己是博士”的新闻结合起来看。

我都懒得再去科普“剩女不可耻”了，只想说，年轻人，千万不要去相亲角，更不要让你的爸妈带着你的资料去相亲角，你不会收获男朋友或女朋友，只会收获无穷无尽的羞辱。

而且是带着善意的羞辱，发自内心地觉得你特惨，特同情你。

郭盈光是位艺术家，她以自己为题材，拍下了自己在相亲角里受到的各种耻笑；再加上其他一张一张的面孔，做了一组名为《顺从的幸福》的摄影作品。

她去相亲角不吃亏，虽然自尊心被打击，但这些都成为她的艺术灵感，并因此有了一组小有名气的作品。

但普通人，尤其是女性，就少去自取其辱了。

讲真，一个海归女博士，去相亲角，接受一群初中没毕业的老头老太太盯着屁股看，看是不是好生养、是不是适合生儿子，然后被嫌弃老、被嫌弃学历高，配不上他家儿子的皇位，那就是一只凤凰偏要和母鸡比生蛋，百分之百输啊。

这么一看，就明白问题在哪里了。

女博士的求偶需求，和相亲角的老头老太太们替自己的孩子找媳妇的求偶需求，完全不是一个层次的。

那里是父母一辈的主场，他们动用的是他们的价值观，挑选的是符合他们心意的儿媳或女婿。

你是一只凤凰，可相亲角既不会看你的高贵的气度和漂亮的羽毛，也不会在意你有翱翔九天的能力，对你百鸟朝凤的魅力更不屑一顾；他只想要一只不停地生蛋、生了蛋还会打鸣的鸡，在他的眼中，你不愿勤快地下蛋，就是只没用的鸡，他根本看不上你。

除此之外，你的所有光彩和能力，在他看来，都是阻挠你生蛋的因素，都是缺点。

那就是一个地摊。一个女性角色兜售生殖能力，男性角色出售养家能力的地方。

作为女性，如果不是确信自己的生殖能力比起别的女性有明显优势，而且那也是自己的唯一优势，就不要去相亲角了。谁会在地摊上挑值钱的东西呢？只想买便宜货啊。

二

新闻报道，杭州的某个相亲大会上，父母替高学历、高薪、高管的精英女性来“找对象”的不在少数。

父母们唉声叹气：“条件明明这么好，怎么就是找不到呢？”一位家长说女儿明明是博士，但是在这里都不敢说是博士，只敢说是硕士，怕吓得男方不敢搭讪。

这种把女性的学历改低的例子，以前也听说过。有些人出于善意，解读为男方父母是担心儿子配不上女博士，所以不敢上前搭讪，女博士这是“曲高和寡”。

不过，这把人想得太善良了。他们不仅不认为女博士有什么了不起，还百般看不起呢：

> “女人读到硕士，没什么用。”
>
> “女孩子不要读太多书，读个大专、本科就蛮好的。”
>
> “读了好多书，把自己都耽误了。”
>
> “好惨。”
>
> ……

不仅女博士们年龄不太小了，而且，女博士和女高管之类的，都是看起来在事业上有追求的，“不好驾驭”：一看就不像肯伺候人的、不像愿意放弃事业把主要精力放在生孩子和照顾家庭上的。不要。

把学历改低，其实就是向这些父母一辈的价值观倾斜，努力拔掉自己漂亮的羽毛，努力表白，自己虽然是凤凰，但也可以当一只抱蛋鸡的，求你了。

没有办法。所谓传统，不论男女，生育就是人生的终极目标，男人赚钱是为了能找到老婆生孩子，女人读书是为了找到条件好一点儿的老公尽快生孩子。任何延滞这个过程的东西都是坏的。比如，女人读书多、女人太聪明、女人赚钱多、女人性格刚强，都是坏东西。

曾经有媒体暗访了北京中山公园著名的相亲角，整理出了一份“北京中国式相亲价目表”。价目表中，除了对北京户口、房子等条件做了非常苛刻的约定之外，引人注目的还有，“女博士”被视为女性最被挑剔、讨厌的条件。

男女双方的条件配置，都从“顶配”“高配”“标配”“低配”，一直列到“简配”“不考虑”；女博士，是在“简配”这一栏里的，倒数。

什么样的条件才能成为“简配”呢？“女博士或女强人、户口不限、北京有房、7 座以下轿车、月薪 5 万以上”才能称得上“简配”。要是没有 5 万月薪、没房呢？直接就不考虑了。

而比“女博士或女强人”强的“低配”女生呢？是“没户

口、容貌一般、北京郊区或郊县有房、月薪5000元以上、大专或本硕”。

看到这里，我就不厚道地笑了。

在新闻中唯一值得欣慰的，就是目前这些相亲角的主角都是父母，几乎没有年轻人本尊。据说很多爹妈都是瞒着孩子去替他们相亲的。他们的孩子，知道爹妈把自己拿去这么糟蹋吗？知道爹妈们暗暗想把他们拉去配种吗？

三

在这里，我不想再证明那种认为“女人无才就是德”、趁早回家孵小鸡的爸妈们想法有多么可笑了。我只想说，价值观不同就不要强融，包括父母。

也别去相亲角那样的地方，一千零一遍地证实那些人的婚恋价值观有多么落后了。

如果你不幸是个女博士，还单身，不要试图跟你的父母，或者对你怜悯、痛心的人解释，不要试图跟他们讲道理。你每一次试图跟他们灌输现代价值观和现代文明，都不可避免地要迎来他们新的一轮羞辱。

父母对你的婚姻的期待，和你对自己的婚姻期待并不是一回事：从生物学意义上来说，父母需要子女把基因尽可能地延续下去，尽快地生育，假如有可能，多生几个最好；这样，他们对你的投资才价值最大化。

于是，他们要求你尽可能降低要求，越快生育越好。如果是女性，生育年龄受到一定限制，父母更是不惜百般打压和各种威胁恫吓，让你自卑，让你没有价值感，以达到你找一个人育种的目的。说起来，也是“为你好”。

而一个现代人，你更想要的是合适的伴侣，一个能跟你相处愉快、携手后半生、共同分担生育风险的伴侣。这种要求不低，不是一下子就能够实现的。

这种情况下，是听爸妈的，还是听自己的？

可以想想，父母帮你挑的人，他们只不过偶尔见一面；而你是要天天跟 TA 睡一起的。你愿意吗？

只要你偷懒，没去遵从自己的内心，而是听别人安排，那么所有苦果都是你一个人承担了。

当然，并不建议你改变父母的观念。就像他们不应该干涉你的自由一样，你也没必要去干涉他们的想法，不要试图证明“你们错了”。

那样的结果，就像你一个女博士站在相亲角当中，一遍又一遍地对周围的中老年人说，女性多读书是好事，不要对女性年龄歧视，不要把生育当作婚姻的唯一目的，不要替子女决定他们的婚姻……你就会知道你的努力，是多么愚蠢啊。

这个时代里，几乎任何价值观都不可避免地在撕裂当中，就算说“地球是圆的”，也有无数人会跳出来指正你——对，地球不是绝对的圆，你说什么都对，我不跟你争。

别说生活在不同时代的父母了，现在十八九岁的少男少女，脑子里装满了“女人就是要三从四德”的古代观念的也不在少数。你越是跟他们讲道理，他们越是觉得你脑子不正常、世风日下。

不要跟男性制定的那套规则玩，不要被别人的价值观带偏；同时，也不要试图去说服别人。

但为什么我还坚持认为，这个社会的价值观、婚姻观的改变，仍然是非常有必要的呢？我们能改变的，是那些本来已打算改变的、那些迷惘的或者已经早有不满的人，让他们把本质看得更清楚些。

至于那些认定“30 岁女生就是郊区房”的人，就随他们吧，反正再“郊区”他们也买不起。

关于“零彩礼”，这里有一劳永逸的好办法

> 要想让中国女人从此都不收彩礼，办法是有的。

*

中国新闻网上出现过一篇文章《河北多地农村现“零彩礼” 专家：未来或将成趋势》，引起了很多人的畅想。

内容是这样的：河北不少农村地区前几年就存在着彩礼“六万六（66000元）”“八万八（88000元）”的说法，发展到当时十几万甚至二十万元彩礼已不罕见。从当年10月份开始，河北邯郸曲周、沧州河间、邯郸肥乡等地农村陆续出现“零彩礼”结婚。

邯郸某村21岁的新娘陈晓薇接受采访时说：

“我们夫妻俩是一个村的，双方父母都好说话，商量了一下最后就决定了。其实要不要彩礼不重要，我们两个是真心实意想好好过日子的。”

除了她之外，当地还有姑娘放弃了钻戒、轿车以及高档电器和家具。这些新娘的“零彩礼”给当地带来了很大影响。

市委书记亲自登门拜访；专家们也为其叫好。

中国政法大学教授、中国伦理学会政治伦理学专业委员会理事赵庆杰表示，“零彩礼”的出现也是一种必然，未来“零彩礼”、低

彩礼或将成为一种趋势。

二

稍微有点儿新闻阅读经验的人都知道，这不是一个新闻稿，而是一个宣传稿：有了舆论导向以后，先设置好主题，再去找能配合的人，诱导受访者来配合这个结论。

地方部门和专家想要的导向就是：以后要实行“零彩礼”。

“彩礼高”，近年来，几乎成了各级媒体报道得最多的话题之一了。抱怨“彩礼高”的新闻，有很多种方式，有的是新婚夜里新郎砍死新娘，因为嫌“彩礼高”；有的是交通违规、事故身亡，新闻的报道是，男人为了彩礼而日夜奔波导致的；有的母亲跳河，报道称因为儿子女友的“彩礼高”，所以母亲只好自杀（后被证实是假新闻）……

最逗的是，一对农村夫妻，男友当兵，一年回来一次、一个月聊一次 QQ，女方结婚时没有要一分钱彩礼，媒体还特意表扬了，要求大家学习他们俩；网友们讥讽：“大清都没有那么缺德，不给彩礼还守活寡。”

从宏观上来说，官方宣传对“彩礼高”进行打压，是有鲜明的导向的。

一方面，是中国长期计划生育之后，人口红利消耗殆尽，人口结构老化得厉害，亟须放开生育，补充新的人口。

另一方面，是长期重男轻女，女性适龄婚育的人口数量不足，一家有女百家求，身价自然就上去了，男性想结婚就难了；现在要想办法把女人尽可能地赶进婚姻里，赶进生育里，就得打压她们的价格。

从微观上说，但凡讨论女性在这个社会上遭受不公平待遇，百分之百就会有人，特别是男人，跳出来说，女性的地位已经够高了，你看，女人的彩礼都那么贵了！

然而，这个世界上，存在着不菲的彩礼和嫁妆，虽然也有经济发展不平衡等原因，但根本原因就是：男女不平等。

性别平等的国家里，他们根本不理解为啥要有彩礼。

因为家庭财产是夫妻双方共有的，一旦离婚，尤其是有了孩子的情况下，夫妻财产的分割是完全有利于抚养孩子一方的；孩子的抚养权默认是母亲的（除非母亲吸毒和犯罪等极端情况）。

这种情况下，女性不管是做家庭主妇还是做职业女性，她的经济权利是得到法律保障的，该是她的利益、孩子的利益都不会少。那么，还要彩礼，不是从自己的左口袋到右口袋吗？有必要吗？

而且，离婚时收入高的一方需要为低的一方付不菲的赡养费，你再有钱再有权也逃不了。中国有吗？有吗？

我一直想对那些总认为“有本事女人结婚时不要彩礼啊”，总认为女性在这个社会上获得了太多好处的人说，别担心，要想让中国女人从此都不收彩礼，办法是有的，按我说的做，包管全中国女人一个都想不起来要“彩礼”。

二

分析一下出现“彩礼”的原因吧。关键原因是，中国的出生性别比是全世界最高的，男多女少，这样，会给相对比较低层的男性带来很大压力。

所以，要降彩礼，首先就要让男女性别比均衡。那就要做到：

1. 出生前，没有人会去在意胎儿的性别，没有人会把女胎流产。没有人会认为生男孩才能传香火，生女孩是赔钱货；不会有老公看见老婆生的是女儿马上就翻脸。出生时，不管是男婴还是女婴，都能活下来。

2. 生下来之后，不会因为这个是女婴而把她溺亡、使她窒息；或者让老人假装不小心把她弄死，让老人去顶罪；而这个老人，一定是女人。

3. 不管男孩女孩，都要让 TA 上户口，别让她像个老鼠一样生活在黑洞里，让她有学上。

4. 不要因为生的是女孩，就疯狂地追生男孩；不会有人说，生了姐姐的家庭最好命，因为可以让姐姐照顾弟弟，抚养弟弟长大。

5. 不要因为生了个男孩，就想着再生一个妹妹，好让妹妹更好地供养哥哥；像樊胜美一样，妹妹一辈子打工都是为了给哥哥买房、娶媳妇、养孩子。

三

其次，女性为什么要彩礼？

一方面，是父权向夫权索要养育女儿的补偿：女人在这里，什么好处都没有得到，是两个家族的男人在买卖商品讨价还价，不关这个商品的事。

猪肉价格高了，等同于猪的地位提升了吗？你们进行买卖时，会问这头猪想卖什么价吗？那为什么猪肉贵了，你觉得都怪猪贪财呢？

另一方面，则是因为父权家族这边，财产没有女人的份：不仅不给女儿，还恨不得让女儿打工、卖身来帮补兄弟；有些人，甚至把财产给侄子也不给女儿。女人如果不向要嫁入的夫家要一定的赎身钱，她怎么办？

还有，女人还肩负着生育的重担；在目前照顾孩子是女人的责任的前提下，夫家不给钱，她一个人既要工作还要养娃？

不平等的关系当中，女性奉养家庭，她们的劳动力是不断被压榨的。就那十几万元彩礼，买断其后几十年的劳动，简直便宜得不得了。

要想女人不要彩礼，很简单：

1. 从父母开始，村里分的宅基地、家里的拆迁房，还有各种集体所有的财物，男性女性一视同仁。

2. 如果是在城里，房子有儿子一半也有女儿一半，给孩子的投资，子女一视同仁。

3. 男女同休产假，全职主妇与全职主男一样多；就全社会而言，爸爸花在照顾家庭的时间跟妈妈花在照顾家庭上的时间差不多。

4. 妻子无须侍奉公婆。

5. 家务事，男人与女人干的一样多，两个人共同承担。

四

还有一个重要原因，就是女性在学业和职场上长期受到歧视。

被歧视，不能同工同酬，没有成就感，又被社会压力劝着回家，她们的收入低，成为全职主妇的概率高。

而女性让渡出来的职场空间，都被学习不如她们的男性占领了，人家可是天高任鸟飞啊。婚姻破裂的概率必然增大。

这种情况下，只要不是纯傻，女性都需要为自己留一点后路，预留一点钱，以便万一分手后养自己和孩子。

但如果职场对男对女都一样，不论男女，收入和机会都差不多，女性何须有这么大压力？

要改变，也是有办法的。

1. 不要再从小教育女性“以后要从事方便照顾家庭的职业”，不要再“安稳、低竞争、低薪”了；她们学习是为了更好地参与竞争，自己有更好的事业、更好的人生。

2. 升学上、职场上，男女一视同仁；不要男女差异录取，不要大部分岗位都是“男性优先”，或者虽然不写牌子，但会直接把女性的简历全部扔进垃圾桶，只看男性的简历。

3. 升职时，不会默认男性优先。

4. 在全社会的各个层面上，男性领导者与女性领导者数量相近，男性领袖与女性领袖数量相当。

5. 法律给力，在离婚后的财产分配上双方得到合理合法的保障；能给女性对孩子的抚养权，保证另一方的抚养费执行得力；而不是像今天这样，女方养孩子，男方每月只出 500 元或一两千元，还无法执行。

这么糟糕的两性现状，愿意进入婚姻市场的女性越来越少，剩下愿意结婚的，岂不就是需要更高的彩礼了？

可列举的还有很多。

如果做到这些了，男女数量差不多，地位差不多，男女的财产权差不多，工作机会差不多……平等而有尊严，那什么样的傻子才会纠缠“彩礼”这些问题？

其实，现在还有很多女性，尤其是城市里条件较好的女性，她们不在乎彩礼；甚至有的还能拿出高额嫁妆，或者拿出钱来支持她们看中的男人。

正是因为，这些女性，她们生活在相对平等和公平的小环境当中，她们有父母的财产支持，有较好的工作，享有较高的尊严。如果男性的条件足够好，能够与她们平等对话，能吸引她们，当然是不需要彩礼的。

不需要彩礼的前提是，对男性的素质要求也高。

但如果你作为男性，你的出身、才能、经济条件、外貌条件、个人素质都欠缺，并一直处在一个不平等、不公平的环境当中，也在这个环境中择偶，那你就需要为这种不平等付出赎买权。

甚至，你应该感到庆幸，正是因为花钱就能娶到媳妇，你还有机会；否则，纯看素质和性吸引力，你可能永远都不能娶妻。

一个男女不平等的社会里，无论女性还是男性，都正在为它付出代价。

至于专家嘴里的“零彩礼”，肯定不是我文中的意思。他的想法是，女人还是一件商品，一件满足男性的性需求、生育需求和照顾家庭要求的商品，但是应该把她当作赠品来赠送给男方家庭。

这样的结果，只会让更多家庭提前打下女胎，性别比更夸张，女性的彩礼更贵。

一想到“母职惩罚”，年轻人连一胎都不想生了

> 因为你生了孩子，社会将会对你在升学、就业、工作、升职当中进行阻击。

*

人口问题，现在几乎成了中国发展路上的“阿喀琉斯的脚踵”，一个巨大的BUG，核心就在于人口出生率“居低不上”，人口老龄化厉害，未富先老。

根据国家统计局的数据，2017年我国出生人口数量和出生率两个指标同时出现下降。

一

引人关注的是，2017年二孩数量进一步上升至883万人，二孩占全部出生人口的比重达到51.2%。这是我国正式实施“全面二孩”生育政策以来，首次出现二孩出生数超过一孩出生数的情况。

也就是说，出生人口的下降，并非因为适龄夫妇二孩生育意愿不够，主要是很多夫妇连一孩都没有生育。

这样一组冷冰冰的数字，大家解读的角度很多。2018年1月18

日，国家统计局发布的2017年国民经济运行情况显示，2017年我国人口出生率为12.43‰，比2016年有小幅下降。

而且，在可见的将来，育龄妇女人数呈现逐年减少趋势，2017年15—49岁育龄妇女（谁制定出这么变态的数字标准？）人数比2016年减少400万人，其中20—29岁生育旺盛期育龄妇女人数减少近600万人。

随着社会经济发展，我国妇女初婚和初育年龄也呈现不断推迟的趋势。这些因素使得2017年我国一孩数量出现下降。

简单地说，现在生二孩的，是年龄相对较大、经济条件相对宽裕的女性，而且是积累了多年想生而因为政策限制未生的“补偿性”生育。很快，生二胎的数量也会下降，整个人口生育率会越来越低。

要知道，中国已经是世界人口出生率最低的几个国家之一。自2010年至2015年，我国平均生育率只有1.2。哪怕增加到1.4的生育率，也意味着每一代人出生人口将减少36%。

调查显示，当中国人的生育率达到2.2时（也就是每个育龄女性要生2.2个孩子），才会缓解人口老龄化趋势。——我只能说，想得美啊，要大家生那么多，除非河水能倒流，日头要从西边出。

怎么样，这样的数据是不是很酸爽？

二

据调查，民众不打算再生育的原因，主要是女性职业发展压力大、养育成本高、托育服务短缺，等等。

为什么女性不愿意生育二胎，甚至一胎都不想生？

好好想想过年回家时各家各户的场景就知道了。

男人们，坐在饭桌上，聊天，喝酒，打牌，打麻将，嗑瓜子，聊工作，聊股票，聊中国的经济形势，聊特朗普和普京，聊美日韩朝的重大问题……

女人们，做一大桌子菜，收拾桌子，看住老大不乱跑，转身去哄刚刚会走路的老二；得了，老二尿了裤子，只好一边叫另一个女人——婆婆来照顾老二，一边还得赶紧把煎鱼翻个面儿别烧坏了……

直到现在，在大众的普遍意识当中，还认为照顾孩子是妈妈的责任；妈妈在微笑着熨衣服、做饭、照顾孩子，爸爸在旁看报纸——这已是父慈子孝、家庭和谐的最美想象了。

不能一棍子打死，当然有好男人；正像买彩票一样，肯定有人能中奖的。不过，你也知道那不是普遍现象。

越来越多的呼声和倡导，要求女性要独立，要求女性不要依赖男人，要当职场精英。既然如此，为什么男性自己养活自己就是事业有成；女性就要在工作之余、职场精英之余，还要生一个（或两个）人，还要把他从小抚养到大、让他接受好的教育、教育他德智体美劳全面发展，自己还要又美丽又有魅力，还懂得逆来顺受、姿态美丽，才算独立？那为什么要给自己添这么多麻烦、生个冤家出来呢？

越是独立、自由，这个社会的生育率就越低。

因为，为了种族繁衍、人口增长这种社会需求，个人，尤其是女性还得为生育和孩子的养育投入巨大的金钱与精力，是不划算的。

社会学里，有一个名词，叫作“母职惩罚”（motherhood penalty），概括了有孩子的女性在职场遭遇的系统性弱势。

以美国为例，无数的调查数据表明，有孩子的女性在升职前景和工资水平上，远低于没有孩子的女性。在30岁以前，美国女性的薪资水平几乎与男性持平，而一旦过了30岁，当大量女性开始生育，性别收入差便急剧拉大。这种由“母职”造成的职场代价，被称为“母职惩罚”。

这个词，在中国，含义远远不止于此。

简单地说，因为你生了孩子，社会将会在升学、就业、工作、升职当中对你进行阻击；在家庭中，也将因为你有孩子，严格限制你的自由。

更进一步，你无须是个母亲，只要你是个女人，将来可能会生孩子，那么，从你出生的时候开始，社会已经预备为你将来可能当母亲对你进行惩罚了。

不信吗？当你还是个22岁、连男朋友都没有的大学毕业生的时候，招聘部门就认定：女性都是要生孩子、生二胎的，不能让她进好部门浪费企业资源；或者干脆不招女性。

不排除有少部分厉害的女性，即便身上绑了沉潭的巨石还是能游上岸；但更多的女性，在这个途中就溺毙了。

肯定有人说，以前不是男女更不平等吗？大家咋都还在生娃？

对。可是，以前大家的眼睛都是蒙着的，看不见危险、看不见路障，瞎走，好与歹，都只能认命。现在大家睁开了眼睛，还想要驱赶她们往陷阱和坑里走？对不起，不干。

当然，我们还要看到，人口出生率低的原因很多。比如生活成本增加、教育成本飞速上涨、教育资源投入不平均等问题。而且，房价是最好的避孕药，一想到生不起、养不起、住不起，夫妻工资不给力……我自己好好活着就不容易了，不要再生孩子给国家添麻烦了。

考虑到这些问题，不仅女人不想生，男人但凡有点责任心，又觉得肩上的担子太重的，也不想生。

人口的增长，减缓容易，增速难。也别想着开放补贴了。高标准地养育好一个孩子要几百万元，你补贴得过来吗？

当有了不生孩子的选择之后，生孩子本身就成了一种选择，而不是必然。

说到这里，我也得为那些敢负责任，而且能负得起责任的年轻父母们点个赞。大概就在这些人身上，有人类延续的希望吧。

为什么我旗帜鲜明地反对“坐月子”？

> 支持“坐月子”的人，最爱说的就是：哎呀，你没坐月子，等你老了就知道会生病了。我很艰难地忍住笑：男人不生孩子，他们老了就不得病吗？

*

2017 年 7 月 9 日，山东淄博一产妇在坐月子期间因中暑被送到医院，最后不治身亡。值班医生称，产妇来时穿着长裤长袖。家人曾解释，“因为是坐月子，怕落下什么病，就穿得厚一些”。家里坚持不开风扇和空调，还让产妇盖着被子。

经过检查，产妇中暑的程度已属于热射病，她的心脏和肝脏均有不同程度的损伤。她的体温高达 40 多摄氏度，最终没有抢救过来。

这真是一出悲剧。悲剧就在于，产妇不是因为无法救治的并发症而死，而是在本应健康的情况下，活活被身边的亲人蠢死的。

每次听到女人生孩子“一定要坐月子”，我就头疼。这种蠢事，为什么在今天还是一种非常普遍的现象呢？甚至有人开玩笑地说，作为中国传统文化的重中之重，“坐月子”应该申遗才对。

我相信，因为“坐月子”而导致产妇死亡的情况不会普遍，但因为“坐月子”没病搞出病的情况却不罕见。先说明一下，这里说的“坐月子”，不是指身体尚未复原时多加休息，而是有明确含义的，包括一个月不能洗头，不能吃含盐的食物，不能出门，不能见风，不能刷牙，能躺着就不要坐着，能坐着就不许站着；更极端的还有不能洗澡、不能沾水、不能洗下身、一直卧在床上……有时连刚出生的婴儿也陪着遭罪。

而那些还来不及恢复身体的产妇，不得不自我禁锢在病床上，不仅没人身自由，也不被允许保持基本的个人卫生，直至出现感染、抵抗力低下，造成身体的真正毛病。

我认为，传统意义上的“坐月子”，有百害而无一利，没有任何价值。随便举几个微博上医生对此事的评论：

大 V@ 急诊科女超人于莺：“（产妇坐月子）大热天除了中暑之外，更多的是产褥感染。原先我还接诊过深静脉血栓、感染性心内膜炎的产妇，最终也是不治。”

@ 医生妈妈欧茜：“大热天接诊过被捂得全身脓疱疮的新生儿。更绝的是产妇穿着冬天的长睡衣，头上包着一条印着红双喜的枕巾做头巾。即便戴着口罩，我也差点儿被她散发出的汗味和恶臭熏倒。”

@ 画眉蓉蓉：“ 作为一名口腔科医生，一看到二三十岁因为全口牙龈肿痛出血来就诊的女性，不用问就知道是在坐月子没刷牙来的，准确率百分之九十！”

@急诊科女超人于莺更明确地说："坐月子这个词就应该消失得一干二净才对。"

然而，你以为只有愚昧的老人才会信这一套吗？当然不是。每次有人否定"坐月子"时，都会有一群并没有老到不会用微博的人，在下面说：

"传统怎么能轻易否定？"

"难道要女人一生完就下地上班？"

"几千年都这么过来的，一定有它的道理。"

……

关于"坐月子"的争论，也是一个月经帖。每当外国明星或中国明星生完孩子，一两天就神采奕奕地出院、穿着裙子、微笑着站在风中向记者们打招呼的时候，这个话题就会翻起来。他们甚至得出这个明星是代孕、那个明星是代孕的结论，理由是"她身体恢复得这么快，怎么可能"。

为什么外国人无须坐月子而中国人非要坐月子？他们给出的解释是："中外体质不一样。"这话是说，中国人身体就是天生的差吗？既然这样，那民国时中国人被说成"东亚病夫"为什么又那么愤怒，还要拼命地洗刷？为什么好不容易证明了中国人体质不弱、中国还拿了奥运会金牌数世界第一，现在，这么多人反倒忙不迭地把"东亚病夫"的帽子戴回去？

我不这么认为；我不认为中国人是东亚病夫，相信中外的体质并没有天生的不同；认为中国人体质差的，只代表说话的人，不代表我，也不代表所有人。

支持“坐月子”的人，最爱说的就是：“哎呀，你没坐月子，等你老了就知道会生病了。”我就奇怪了，到底有什么病菌或病毒，能潜伏四五十年才发作？发作出来到底是什么症状？这个理论应该够得上诺贝尔生理学或医学奖级别了吧？

到现在，我身边还有一些长辈或婶婶、嫂嫂之类的远亲，对我说，就是因为月子没坐好，所以她现在脚后跟疼；就是因为月子没坐好，现在经常头疼；还说，坐月子期间肚子着了凉，现在老了就肠胃不好，还得了肠胃炎……

我很艰难地忍住笑：男人不生孩子，他们老了就从来不得病吗？男人就不会脚后跟疼、头疼、得肠胃炎吗？

反倒是不洗头、不洗澡、不刷牙、不清洁身体，把自己捂得严严实实的、不敢动，得病的概率要大得多。即便没有严重疾病，这种“坐月子”方式，也会导致慢性病、免疫力低下，令身心疲惫的产妇更容易产后抑郁。对孩子，也绝无好处。尚未享受初为人母的快乐，就先被这个陋习咬一轮——这不就是一个大型的反婚反育广告吗？

纵向来说，坐月子这个习惯是怎么来的？古代年轻女子的家务特别繁重、地位特别低下，嫁到男方家族里，家中全都是她们的长辈、她们的主子（包括丈夫），她们低眉顺眼，战战兢兢。有且仅有，在她们刚生下孩子的短短时光里，可以受到重视，得到一些照顾和休息，享有劳动的豁免。她们刚从鬼门关上闯过来，坐月子难得的喘息，她们当然应该好好利用。

另一方面，古代生活条件差，卫生、保暖、营养都得不到保障，更不用谈消炎、手术这些现代医学手段了；她们不得不用最保守的方法来自保，包括不清洗、不挪动，以免触动伤口。然而，今天这些问题都基本不存在了。谁还真需要担心因为衣不裹体而冻坏了？谁还需要担心吃不饱饭了？

横向来比，为什么外国人生完孩子很快就可以下地，女明星们生娃一两天就可以漂漂亮亮地出门，而多数普通的中国人却不可以？我理解，这并不是因为普通女人反而更娇气，而是因为中国女性普遍没有锻炼的习惯，身体素质差，身体恢复得也慢。

这不是中外体质差异，不是天生的，而是后天缺乏运动导致的体能太差。这种情况，不该嚷嚷中国人“体质不同”，而应该多引导大家锻炼，把体能提上去。

还有一点不得不提，中国的婴儿比较大，造成生产困难，剖宫产比例也高，产妇不得不多花时间来痊愈。以上海为例，2013—2017 年，上海市新生婴儿的平均体重已从 1998 年的 3147 克上升至 3740 克，而新生婴儿体重在 4000—4500 克的竟占到了 19%。产妇的剖宫产增加了 23%，孕妇生产日期比预产期平均提前了 4.5 天。

根据专家的长期临床实践，我国婴儿出生体重控制在 3300 克左右是比较科学的。在日本，婴儿出生体重一般控制在 3000 克左右，欧美等西方国家婴儿体重一般控制在 3400 克左右。

中国人个头相对较小，婴儿反而超大，难道也是“体质”原因吗？当然是爹妈的错。大概中国的饥饿与匮乏的记忆太长了，深受传统意识影响，很多长辈拼命地要准妈妈狂吃，“一人吃两人份”，生怕胎儿营养不良，结果胎儿巨大，大大增加了生孩子的难度。即便孩子生下来了，他也要面对糖尿病、病态性肥胖和心血管疾病等潜在危险。

坐月子不必要，但科学而认真地对待孕期、产褥期，则是十分有必要的。

按理来说，“坐月子”这种破事，我以为显而易见是荒谬的，是不值得批判的。然而，在现实中我却发现，支持者多于反对者；支持者中，有老人，更有年轻人；有男人，也有女人。一与这些人对话，他们就搬出“传统”来扣帽子：“流传了几千年的传统会错吗？你怎么这么自大？”

这种不学无术的胶柱鼓瑟，实在很难说服我。他们还试图用农耕时代的习俗来主宰今天的生活。但要知道，以前的产妇和婴儿死亡率有多高！在古代，孕产妇死亡率高达 1.5%，一个女人一生中通常要经历 5—8 次生产；即便不用数据，凭最基本常识也应该知道，现代医学之前，女性生育的死亡率是很高的。而现在呢？国家卫生健康委员会主任马晓伟公布，2016 年全国孕产妇死亡率下降到 19.9/10^5，婴儿死亡率、5 岁以下儿童死亡率分别下降到 7.5‰和 10.2‰，已接近发达国家水平。

没有道理放着好好的先进的医学和文明不用，却回过头来沿袭那些没医没药的时代的陋习。

还有，在传统当中，女性是很难被当作人来看待的；她们被视为用来生育的资源。传统针对产妇的习俗，也必须放在这一背景下来看待：它在乎的是女性的生育功能能否健全，而不是女性的身心是否健康。我不知道产妇的丈夫或公婆怎么想，但作为产妇本人，如果想好好当个人、好好活着的话，就要远离这一类“传统”。

请停止歌颂母爱吧，我只想好好活着

不管是古代题材还是现代题材的剧作，都喜欢用一个梗：在女人生小孩的时候，医生问：保大人还是保小孩？这个问题，一直是悬在无数女性心头的噩梦。

*

2017 年 8 月 31 日，榆林市第一医院绥德院区妇产科里，产妇马女士跳楼身亡。医院出示了视频和各种家属签字，证明是家属拒绝产妇剖宫产；而家属不承认，说是医院认为没必要剖宫产。

最终的调查结果证明，医院的诊断与治疗没有问题；但医院多处撒谎，误导公众、推卸责任；涉事医生及相关人员将接受调查与处分，赔偿情况未对公众公布。

责任的认定已告一段落了。

但“产妇疼痛难忍求剖宫产而不可得”的事件本身，就引起了很多女性的恐慌：一个健康的、各项指征正常的产妇，竟然就这样走了。这种恐慌，并不是源自对现代医术的不信任，而是源于对“自己的命由家属来安排”的不信任，也就是对自己相对于丈夫（和他的父母）的地位和价值的不信任。

二

在讨论当中大家的焦点都在于：为什么不能让产妇自己签字、让医生决定，而非要家属签字？一定要推动这个制度！

这种愤慨包含了另一层意思：我们宁愿相信医生、相信陌生人，也未必对身边的“家属”信任。

一般情况下，只要是正规大医院的医生，大家只能相信他们的医术和医德不会差。而且，在手术这种紧急关头，病人的生命和健康是与他们利益攸关的；他们衷心地希望手术成功、病人安全，这才符合他们的诉求。

而丈夫，甚至婆婆，则复杂太多。

当然，一个正常人，有一点同理心有一点感情的人，也该衷心希望妻子安全。但中国几亿已婚男性、几亿个婆婆，未必能保证每一个都是品德正常的。而且，在妻子生产的时候，生命安全与痛苦感受，更未必与丈夫的利益一致。比如：

产妇希望剖宫产减少痛苦，但丈夫觉得浪费钱；

剖宫产需要间隔三年才适合再生，但丈夫希望尽快再生二胎；

在产妇和胎儿之间，丈夫觉得胎儿比产妇重要，必要时，牺牲产妇的生命也无所谓；

一旦产妇在手术台上有意外，丈夫有可能拿到医院的巨额赔偿；

……

有些人大概还记得“李丽云事件”。这也是推动现在医疗签字制度的一个案例。2007 年 11 月 21 日下午两点钟左右，孕妇李丽云因患感冒及畏寒、咳嗽等症状，在肖志军的陪同下走入北京朝阳医院京西分院呼吸内科门诊就诊。医院在接诊后，将其转到妇产科进行医治，并提出要对李丽云进行剖宫产手术。而陪同李丽云的肖志军号称系其丈夫（后查明，两人只是同居关系），明确拒绝在手术同意单上签字。手术未能进行。当天下午七点半左右，李丽云死亡。

这件事情在当年引起了很大轰动，成为年度法律事件之一；这也让大家对于“家属签字权”有了极深的恐惧。

产妇的生命权与丈夫和夫家利益，是不一致的。当然，在生死关头，像李丽云男友那么残忍自私的人很少见；但不体恤产妇的痛苦、不体恤产妇的危险，在她们最脆弱的时候，有意无意地伤害她们的丈夫、公婆，甚至亲生父母，却比比皆是。

不管是古代题材还是现代题材的作品，都喜欢用一个梗：在女人生小孩的时候，医生问：保大人还是保小孩？这个问题，一直是悬在无数女性心头的噩梦。虽然现在的医生们也多次指出了：医院不会问这句话的，一旦母子存亡有冲突，大人的生命权是第一位的。——但即便如此，也很难纾解女性的忧虑。因为很多人心里明白，自己在丈夫心目中的地位，可能无法与一个还没有成形的、没有生命权的胎儿相比。如果医院来决定，自己可保命；如果由丈夫来决定，则未必。

女性独立也好、自强也好、聪明能干也好，如果在平时，她们可以自己做主，可以选择自己的生活，大不了还可以离开。唯有在生孩子的时候，除了身体上虚弱、极端痛苦、要照料新生儿之外，她对自己的生命权和各种疼痛管理都毫无办法，一切都得仰仗丈夫、父母、公婆，所有的一切都是出自对方的良心、对方的同理心、对方对自己的感情；她自己几乎就是放在砧板上的鱼，任人宰割。

无能为力是一种极可怕的体验。这也难怪现在的产后抑郁症如此普遍了；侥幸没有得抑郁症，也一样要面对很多痛苦。

不要说为什么旧时代的女性没有现代医学、没有剖宫产、没有无痛分娩、没有侧切，她们都能熬过来，怎么你不能？是啊，所以以前死的女人很多。她们一生都在无能为力。但现代人，只要不想回到茹毛饮血、刀耕火种的原始人时代，就不要拿那种生死不由人的传统来要求女人了。

二

不少鸡汤文章借此在宣扬“产妇之死，说明嫁错人多可怕”；告诉你，你可以通过找一个“好男人”来规避风险：“好男人”会把你看得最重要，还会有“好公公好婆婆”，不会难为你。

——其实，明眼人都看出来了；这个能主宰你生死的人，与其说是丈夫，不如说是主子。我们的生命权，在这种时候，就靠着另一个人的仁慈、垂怜与爱情来决定了。把希望寄托到碰上“好人”上面，是多么脆弱和荒诞啊。

现代医学的昌明，不仅在于技术的发达，更在于有一套逐渐建立完善的医学伦理。它确认每一个人的生命权都是独立的，人的生命权是最重要的。比如，事关生死的紧急情况，在有明确手术指征的情况下家属又不同意，以医生说的为准……类似这样的医学伦理，都是优先个体的生命，看重人本身超过其家属意志。

不能贯彻这些价值观的医院，都是有违医学伦理的，是要负责任的。

这些问题，虽然不是每个人都思考过，但在大城市里，有生活经验的人心里是明白的，危急关头的医疗制度和医学伦理，比“家属”可信得多。

其实，中国现有的产妇死亡率已经很低了。2016 年中国孕产妇死亡率为 $19.9/10^5$，发展中国家的孕产妇死亡率是 $239/10^5$，而发达国家则为 $12/10^5$，中国孕产妇死亡率已经处在发展中国家前列并接近发达国家水平。如果考虑到其中很大一部分孕产妇死亡，是发生在没有送医或者在三无诊所里接生等情况，医院里产妇的死亡率更低。

而且，一般情况下的产科手术并不昂贵。这与其他大病重病动辄把一个家庭的财富耗尽有本质不同。

不缺钱也不缺技术，问题出在哪里呢？

我曾在新闻事件之后，邀请广州某三甲医院的产科主任来谈“现代女性生育是否还有很大风险”这个热门话题。她告诉我，除了正常的医疗事务，他们还花大量的时间与病人家属进行沟通，劝说他们接受手术方案。有时，他们为了说服一个家属同意手术，整个科室甚至院方的主要医生都车轮战一样去劝说；还要调解家庭矛盾，分析各人的心理，针对不同的情况做出不同的劝解方案……

大量的医疗资源，都消耗在与产妇家人的斗智斗勇上面。

本来，家属是该有知情权的，这是合理的；但现在，这种知情权，变成了签字权，变成了决定权，就变味了。有些产妇家属，为了保障数年以后可能会存在的二胎而不介意产妇是不是现在就死掉；为此，家属开始去决定产妇的生死，决定要大人还是要孩子，决定是剖宫产还是顺产，决定意外情况下能不能切子宫、能不能抢救。这都是很现实的情况。

这能不让无数已经和即将生育的女性害怕吗？

应该乐观一点，并不是每个人都是坏人，他们也可能是好人，也不想事情发生。就连跳楼产妇的生母也说：她怀的是男孩，她婆婆不想抱孙子？她的丈夫和婆婆并不想她死，因为她还有一个马上要出生的男胎，还有子宫，还有生育功能；产妇死了，对他们来说，并不是一件好事。

有没有被当作“人”看待，但凡不是太笨的女人，在生产阶段，都可以看得特别分明了。哪怕是无惊无险顺利分娩的女性，破碎的身体还在疼痛呢，看到大家都只围着孩子转，自己却无人问津，也会心里一凉吧？更有重男轻女的公婆、丈夫，看见生的是女孩，转身把鸡汤全倒进厕所，多少也该引起警惕了。

把女性当成一个自带工资的行走的子宫，一个孕育着男性后代（仅有男孩算后代）的载体，与夫为妻纲、丈夫拥有对妻子的主权这些观念，是一体两面。

三

也就是在这种观念下，跟产妇的痛苦相比，可能他们更看重胎儿，可能他们更看重你的二胎生育功能，可能认为你只有痛了才会更爱你的孩子，只有痛了才更能体会到当妈妈的感觉……

女人生孩子哪有不痛的，忍忍就好了。这是老一辈的教诲。实际上在欧美国家，无痛分娩主要是指椎管内分娩镇痛（硬膜外镇痛和腰麻镇痛），早已十分普遍，实施分娩镇痛率达 80% 以上，但国内实施椎管内麻醉分娩镇痛不足 1%。

发明止痛药很长时间以来，都没有人想到，生小孩也需要止痛；女性因分娩产生的剧烈痛苦往往被人们视为正常过程而惨遭忽略。——似乎女性的痛苦就是天经地义的。

还有医生认为，那是因为欧美国家女性太怕痛了，动不动就要无痛分娩。但我很想说，不是因为欧美女性敏感怕痛，也不是中国女性先天就神经麻木感觉不到痛；而是因为，人家都被当人看，自己也自重，注重自己的感觉，注重自己的疼痛管理，提高自己的幸福感。而中国女性被忽悠着，越痛你就会越爱这个孩子，越痛你就越印象深刻、能建立起与这个孩子的感情，越痛就证明母爱越伟大，你的痛苦就是你的财富……

去你的财富和伟大。我只想尽可能安全和舒服。让你割阑尾或开胸手术，主动选择不打麻药，来证明你的精神财富和伟大如何？我保证天天歌颂你。

在完全有技术和经济能力可以承担的情况下，这些痛苦是毫无价值的，永远不会变成任何财富，仅仅是痛苦。

歌颂那些明知自己身体不适合生育、一生育就会死还坚持生育的妻子，歌颂那些为了保小孩而自愿死亡的妻子，其实就是一种对生命权的掳掠。

还有，与其歌颂“母亲承受生孩子的痛苦，好伟大啊”，不如老老实实地普及更安全有效的无痛分娩，尽可能减少妻子的痛苦，那才真是尊重女人。